今の空から 天気を予想できる本

武田 康男

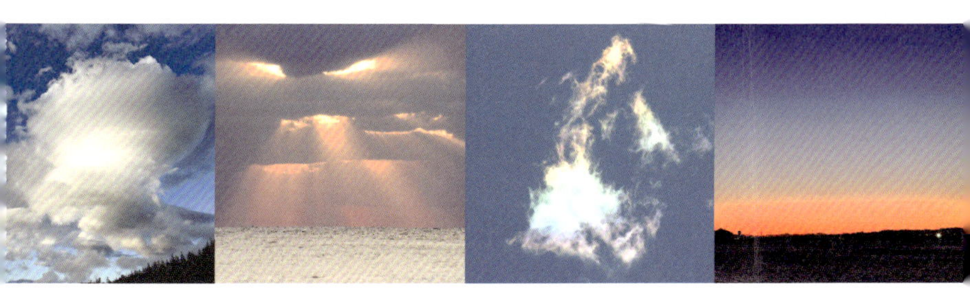

緑書房

はじめに

空を見ただけで天気が読めたらよいのに、と思ったことはありませんか。昔の人はそれを実践し、生活してきました。今は各種メディアで詳しい天気予報を知ることができます。しかし、自分で空を見上げて天気を予想するのは、とても楽しいことです。雲のでき方、風の流れ、光の様子などから、天気の変化をいろいろと知ることができます。これらに季節の特色を加えれば、数時間先から翌日までの天気は、だいたいわかるようになります。

「夕焼けは晴れ」や「朝虹は雨」など、いろいろなことわざも知られています。ことわざは昔からの知恵で、単純化していてわかりやすいですが、当たらないときもあります。でもこんな点も加えればもっと当たるのに、という見方があるのです。

本書には、そんな天気を予想するための観察アドバイスをたくさん詰め込みました。あたかもその場で指をさして解説しているかのように、大きな写真に文字や矢印を直接書き入れ、見て欲しい場所を示し、そこにふさわしい説明を加えました。また、風で雲が絶えず変化していますから、風の流れもわかるように工夫しました。これは本書の大きな特色です。

このような空の観察方法は、私が数十年間、空を見続けて知ったことです。私が撮った写真に、私がわかったことを具体的に記したもので、その後の天気も、実際に起こったことが基になっています。

使い方は自由です。最初から見てもよいですし、季節ごと、天気ごとに、知りたい空を探すのもよいでしょう。また本書を片手に、空をじっくり観察するのもおすすめです。もしかしたらここにはない現象がいろいろ見えてくるかもしれません。そのときはぜひ、自分で新たなページを加えてみてください。そうすれば、本書はあなただけの天気の本になっていくでしょう。

最後に、この本をつくるにあたり、緑書房の宮島芙美佳さんにはたいへんお世話になりました。イラストは石田理紗さんに描いていただきました。ここに改めて感謝いたします。

武田 康男

目次

第2章 光から天気を予想する 104

第3章 風から天気を予想する 144

第4章 季節から天気を予想する 172

Column

How To Use

本書の使い方

本書では、実際にあった天気の写真89例を掲載。今、目の前に広がる空と本書を照らし合わせることで、観察のポイントをわかりやすく示しつつ、今後予想される天気の変化を解説します。

各矢印・字体の違いが示すことがら

- 今見えている現象　：ゴシック体
- 今後予想される天気：ミンチョウ体

- 雲の動き →
- 風の流れ ➡
- その他 →

どの季節で観察される天気か

どの時間に観察される天気か

タイトル

今の空と予想される今後の天気

台風は遠くに去ったが、吹き返しの風に注意
上空はよく晴れてきた
巨大な渦のような雲ができた
風が下降すると雲が消える
風が乱れて、いろいろな雲ができる
まわりからも風が集まる
富士山を越えた風が上昇する
台風が遠ざかるとともにこれらの雲は消えていく
つるし雲は台風去って晴れていく
撮影時の状況と解説

今後の天気の変化アイコン

晴れ　この後は晴れ

曇り　この後は曇り

雨に　半日〜2日ほど後に雨

雨　直後〜半日ほど後に雨

風　この後風が強く吹く

雪　この後雪が降る

本書の特徴・構成

第1章 雲から予想する天気

風の動きによって姿を変えるさまざまな雲の形から予想する44種の空

第2章 光から予想する天気

さまざまな光の変化から予想する19種の空

第3章 風から予想する天気

風の向きや強さ、風が吹く場所から予想する13種の空

第4章 季節から予想する天気

季節ごとに観察される空から予想する13種の空

天気はどうして変わるのか

天気のしくみ

イラストを使い、天気はなぜ変化するのかや10種類の雲の正式名称と俗称をわかりやすく解説

富士山と観天望気
つるし雲
笠雲
笠雲、つるし雲など
山を上ぼる雲

天気に関するコラム

天気の観察ポイントとしての富士山の雲、天気が変化する様子、飛行機から見えた雲をそれぞれ写真とともに解説

ご注意

本書の内容は、気象学や著者の経験をもとに記載されています。しかし実際の気象状況には予測しえない事項（局所的で急激な天気の変化など）があり、記載された内容がすべての点において正しいと保証するものではありません。本書記載の内容による不測の事故や損失に対して、著者、編集者、ならびに緑書房は、その責を負いかねます。

天気はどうして変わるのか

地球には太陽の光が届きます。その熱で海や陸が暖まり、温度差によって大気の流れ（風）が生まれます。また太陽の熱は、海などの水から、目に見えない水蒸気を大気中に送ります。上昇気流によって水蒸気が空の上で冷えると、小さな水や氷の粒が集まった雲になります。そして、雲から雨や雪が降り、川や地下水となって再び海にもどります。このように、太陽の熱や大気と水の流れによって、いろいろ

雲（氷の粒）
レンズ雲
波をうつ風
海からの湿った風（季節風、海風）
陸は上昇気流が多い
雲と一緒に水分も移動
雲（水の粒）
海から水蒸気が上昇
日射で陸は暖まりやすい
川の水が海へ
風で波ができる
地下水も海へ

な気象現象が起こっています。

天気には、晴れ、曇り、雨や雪だけでなく、さまざまな風や、暑さと寒さもあります。また、雷が起こったり、台風や竜巻などの激しい現象もあります。こうした天気はそれぞれに起こる理由があり、いろいろなことが関わって、つながりのある変化をしています。天気の変化を読むことができれば、その後の天気を予想することができます。空にはそうした事例がたくさんあります。

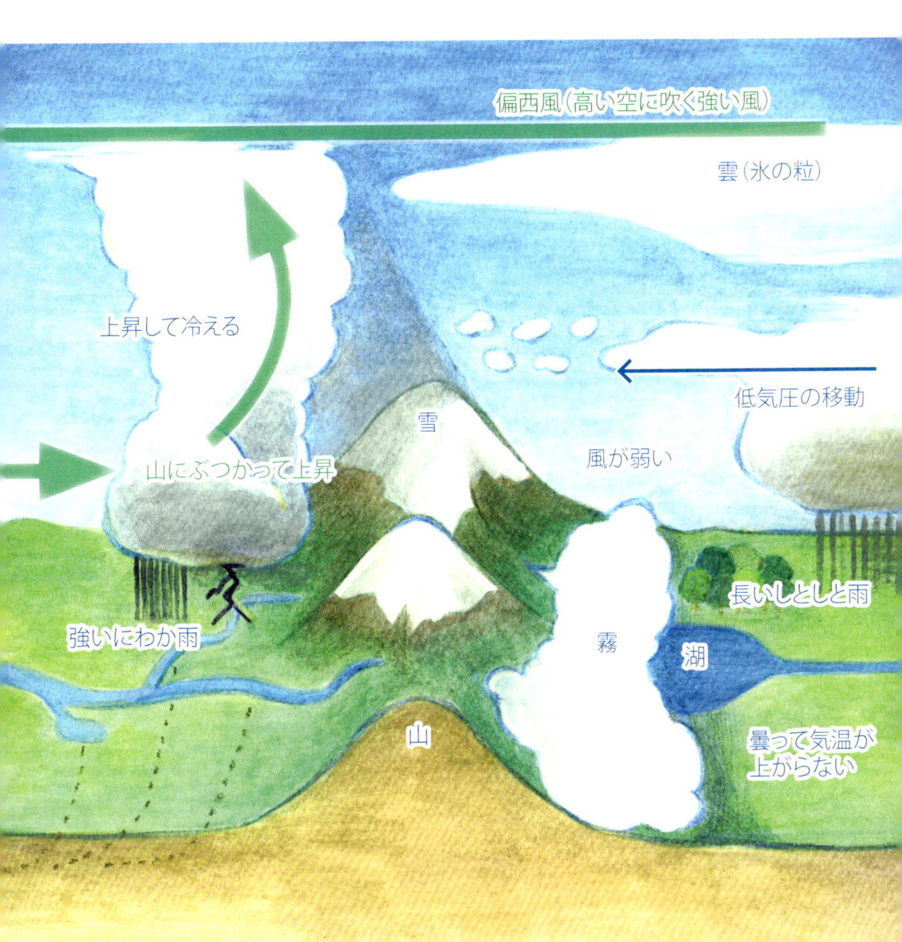
偏西風（高い空に吹く強い風）
雲（氷の粒）
上昇して冷える
低気圧の移動
雪
風が弱い
山にぶつかって上昇
長いしとしと雨
強いにわか雨
霧
湖
山
曇って気温が
上がらない

10種雲形といろいろな雲

世界気象機関によって、雲は大きく10種に分類されています。10種雲形といって、雲を知る基本です。

雲ができる高さは、地上から高さ13km程度の範囲です。空気はさらに上にもありますが、上昇気流がこの範囲で止まるため、雲ができなくなります。

雲にはすじの形、かたまりの形、横に広がった形があり、雲ができる高さは3つ

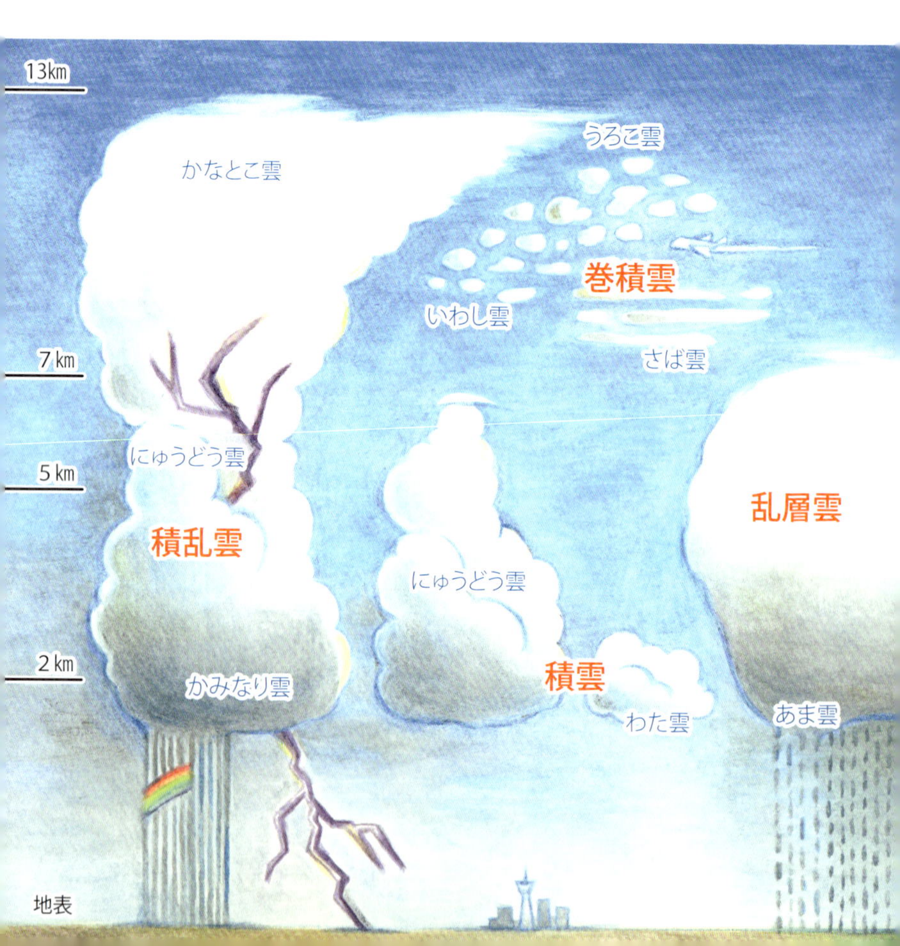

13km
7km
5km
2km
地表
かなとこ雲
うろこ雲
巻積雲
いわし雲
さば雲
にゅうどう雲
積乱雲
かみなり雲
にゅうどう雲
積雲
わた雲
乱層雲
あま雲

あります。上層（5～13km）に巻雲、巻積雲、巻層雲、中層（2～7km）に高積雲、高層雲、乱層雲、下層（地表付近～2km）に層積雲、層雲があり、積雲と積乱雲は下層にできて、中層や上層まで広がります。しっかりと雨が降るのは乱層雲と積乱雲で、層雲、層積雲や積雲からまれに弱い雨が降ることもあります。

10種の雲はさらに、波状雲（さば雲）、レンズ雲（かさ雲、つるし雲）、ちぎれ雲、頭巾雲、乳房雲、尾流雲、漏斗雲など形の名前が付いています。また、季節によって変化し、地形による雲など、各地で特徴的な雲もできます。

巻雲
すじ雲
巻層雲
うす雲
高層雲
おぼろ雲
ひつじ雲
高積雲
レンズ雲
つるし雲
かさ雲
ゆき雲
うね雲
層積雲
くもり雲
層雲
きり雲
（霧）

雲から天気を予想する

積雲が積乱雲に成長すると
にわか雨や雷に
積乱雲
積雲

第1章

雲の種類や動きから、天気の変化がわかります。雲は小さな水や氷の粒からできていて、それらが大きくなると雨や雪になって降ってきます。また、空を流れる風は見えませんが、雲の動きで知ることができます。雲は低い空、中くらいの空、高い空に分布し、それぞれ違う風の流れがあり、天気の変化に影響します。天気の変化は、高い空の雲から先にわかることが多いです。また、雲には全く同じ形はなく、それぞれ個性があります。そうした雲たちとじっくり対話することで、天気の変化を読めるようになります。

巻雲
巻積雲
巻層雲
高積雲
高層雲
乱層雲
低気圧が近づくと
雲が低くなっていって
雨や雪に

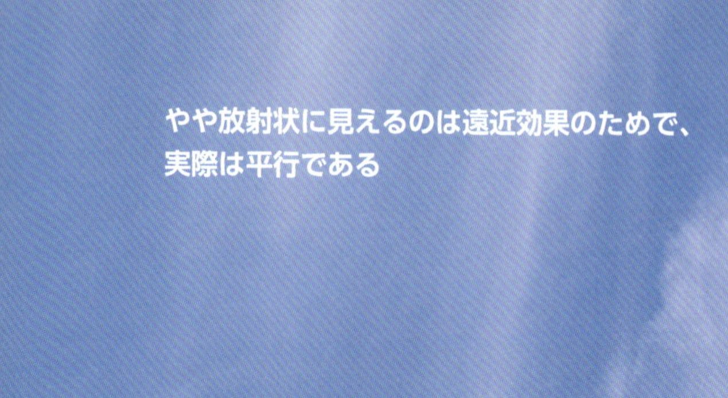
やや放射状に見えるのは遠近効果のためで、
実際は平行である

春
夏
秋
冬

朝
日中
夕
夜

まだ青空も広がっている

すじ雲の中では小さな氷の粒が落下している

すじ雲がたくさん並ぶと だんだん雨に(巻雲)

その後
雨に

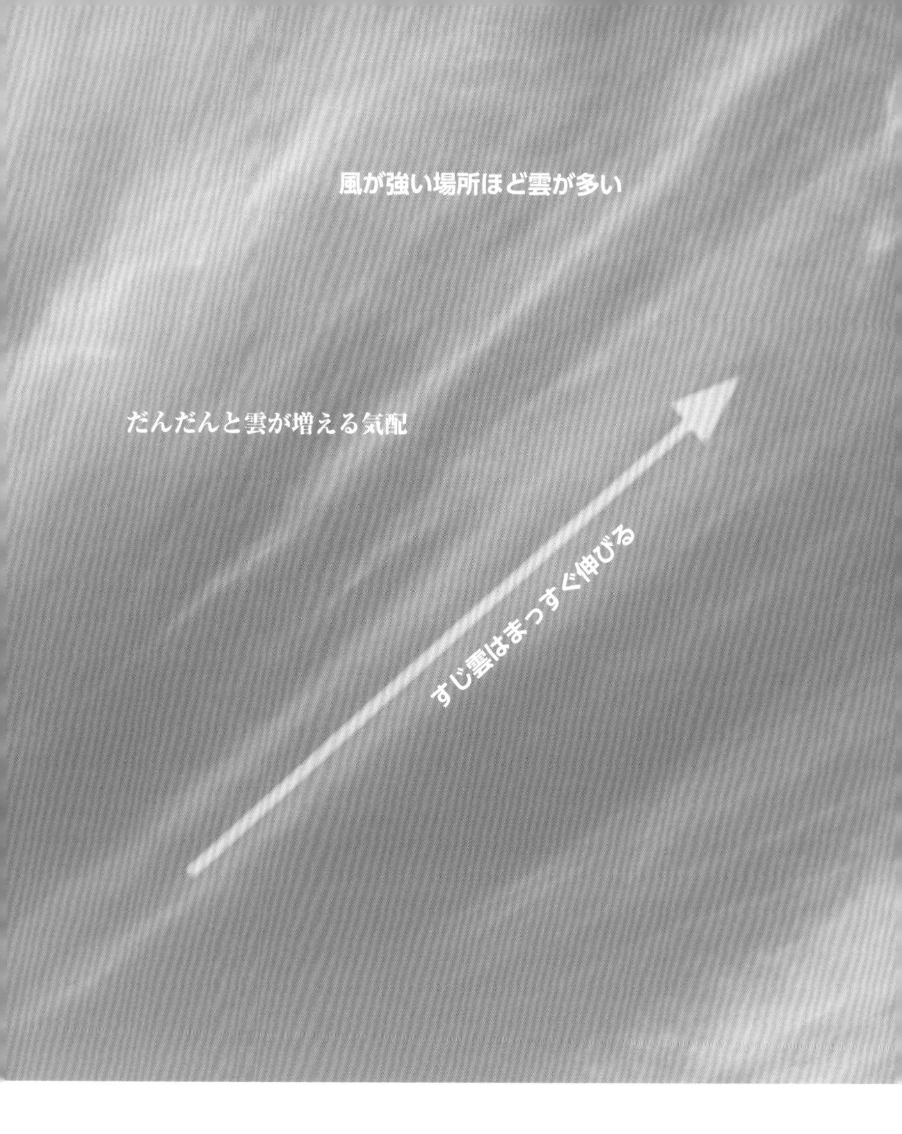
風が強い場所ほど雲が多い
だんだんと雲が増える気配
すじ雲はまっすぐ伸びる

すじ雲がたくさん並んでいたら、上空の偏西風が強く、湿った風が入っている証拠。この後に低気圧がやってくることが多い。**（8月 13時）**

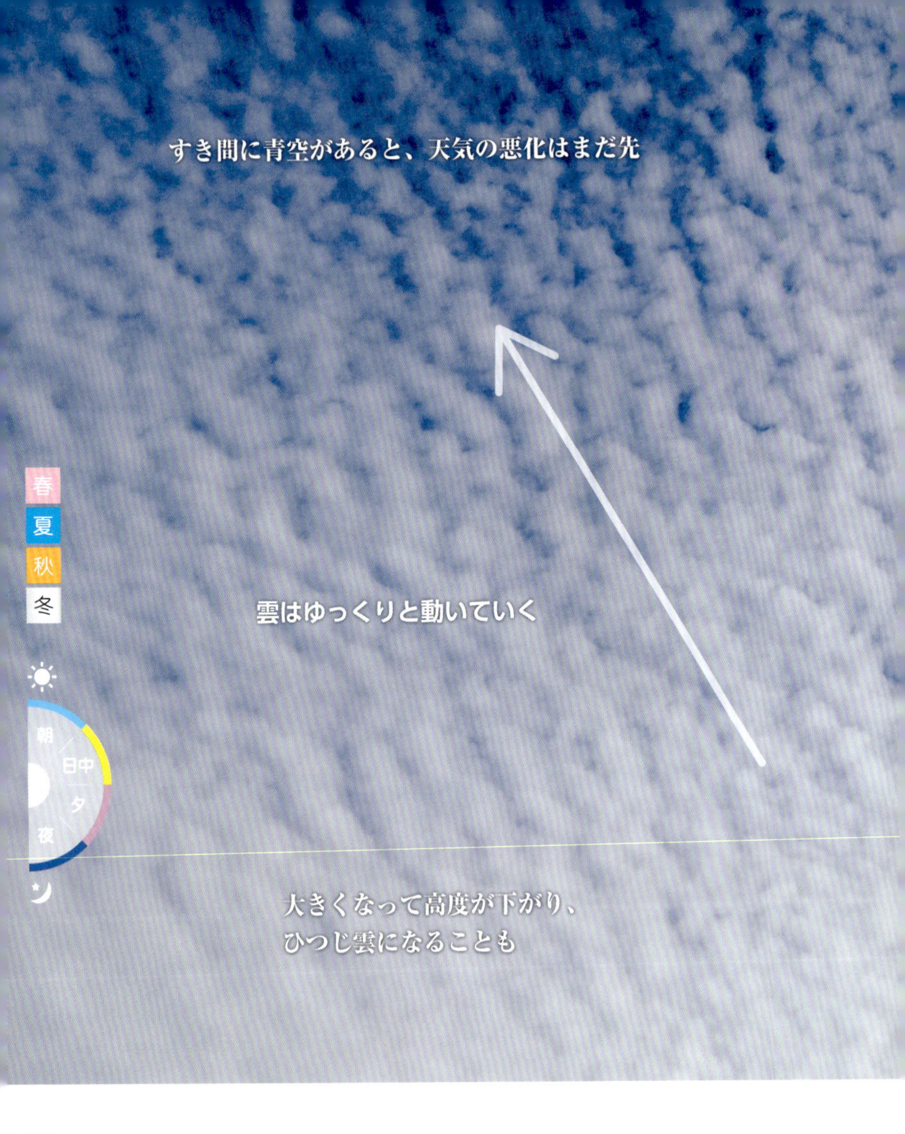
すき間に青空があると、天気の悪化はまだ先
雲はゆっくりと動いていく
大きくなって高度が下がり、
ひつじ雲になることも
春
夏
秋
冬
朝
日中
夕
夜

うろこ雲が空に広がると だんだん雨に（巻積雲）

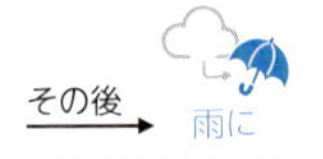
その後
雨に

ちいさな雲のかたまりは、細胞状対流によって
つくられている

雲が密集していくと天気が悪くなる

太陽の近くで白く輝く

うろこ雲が空一面に広がると、だんだん雨に向かっていくが、翌日から３日後ほどと時間の幅がある。温暖前線が近づいてくるときにできやすい。**（1月 9時）**

太陽の近くでは日暈（ひがさ）ができることがある

高く、一様で、動きはよくわからない

氷の粒なので、太陽の光を反射・屈折し、白く明るい

春
夏
秋
冬

うす雲が空に広がると だんだん雨に（巻層雲）

その後
雨に

晴れ間が少し見えることも

すじ雲が増えて広がって、うす雲になることが多い

さらにうろこ雲ができてくると、天気が悪くなりやすい

空一面にうす雲が広がってきたら、温暖前線の接近などで天気が悪くなっていくことが多い。氷の粒なので白く明るく、あまり気が付かない。**(5月 18時)**

高い空にはうす雲が

晴れた空では白っぽいが、
上に雲があると灰色に見える

大きさがそろっていないときは
大きくなっている可能性も

春
夏
秋
冬

朝
日中
夕
夜

ひつじ雲が他の雲と一緒だと雨が近い（高積雲）

その後

雨

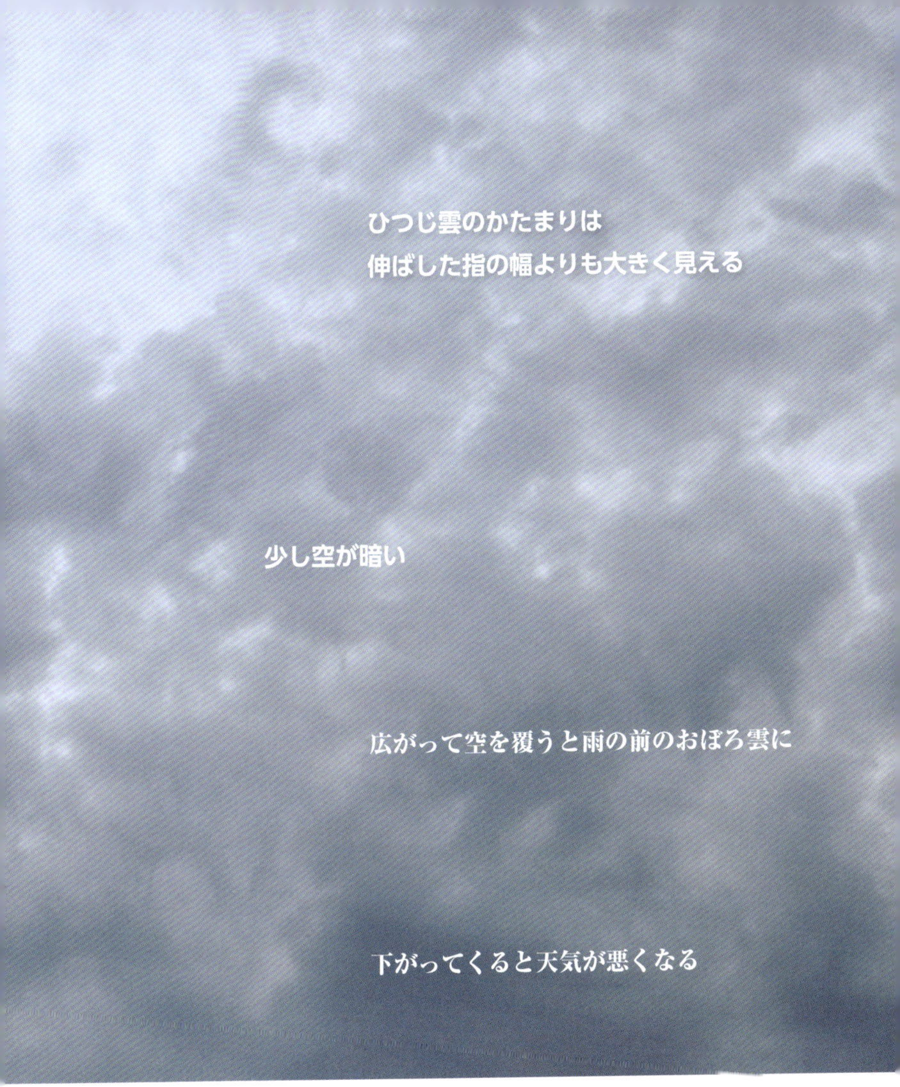

ひつじ雲のかたまりは
伸ばした指の幅よりも大きく見える

少し空が暗い

広がって空を覆うと雨の前のおぼろ雲に

下がってくると天気が悪くなる

ひつじ雲はやや小さな雲のかたまりが中くらいの高さの空に浮かぶ。その上に高い雲が広がっていたら、温暖前線などの接近で雨が近づいている。**(5月 18時)**

おぼろ雲が空に広がり、
灰色に見える

太陽の輝きはなく
存在だけ

春
夏
秋
冬
朝
日中
夕
夜

あたりがうす暗く感じる

おぼろ雲で太陽がぼんやりすると雨が近い（高層雲）

その後 →

雨

雲の模様はほとんどない

太陽が消えると雨が近い

雲が下がると、あま雲やゆき雲になって雨や雪が降る

あま雲による雨が降る前におぼろ雲が広がる。太陽や月はぼんやりと見える。高い空のうす雲や、低い空のきり雲と間違えやすい。**（9月 13時）**

しとしとと雨が降っている上に乱層雲がある
空は暗い灰色に
雨がしとしと降る
弱い雪のことも
長い時間雨が降りやすい
春
夏
秋
冬
朝
日中
夕
夜

あま雲が垂れ下がって雨が降る（乱層雲）

その後 →

雨

おぼろ雲が厚くなって下がってくる

雨の後に霧やきり雲などができることも多い

雨がしとしと降っているときは、乱層雲に覆われている。高層雲が下がってきて乱層雲になる。雲の形がはっきりせず上にも広がっている。雪が降ることも。
(8月 12時)

上はよく晴れていて、他の雲はほとんどない
ゆっくりと移動する
移動する向きに伸びやすい
春
夏
秋
冬
朝
日中
夕
夜
3-53-6

うね雲が灰色に伸びて曇り（層積雲）

その後

曇り

天気が悪くなる気配はない

傘のいらない弱い雨や、雪が少し降ることもある

低い空にでき、雲の下は灰色に見える

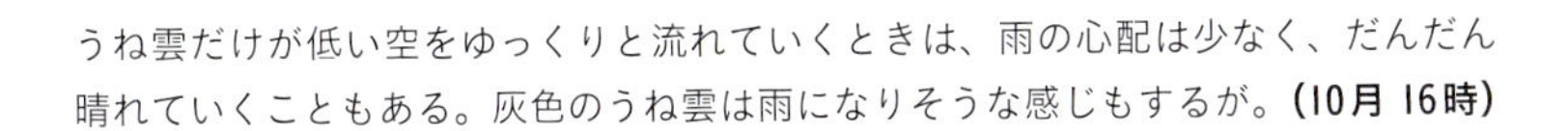

うね雲だけが低い空をゆっくりと流れていくときは、雨の心配は少なく、だんだん晴れていくこともある。灰色のうね雲は雨になりそうな感じもするが。**(10月 16時)**

空は灰色（うすい灰色のことも）
小さな山や高層ビルから雲海のように見えることも
雲が下がると増える
高いビルは
雲に隠れる
春
夏
秋
冬
朝
日中
夕
夜

きり雲が下りて増えると霧雨、上がると晴れに（層雲）

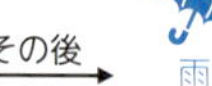
その後

雨

晴れ

太陽や月がぼんやり見えることもある

朝に冷えたときや雨上がりに多い

雲が上がると晴れていく

霧雨が降ることもある

雲が地面近くに浮かんでいる。傘のいらない霧雨が降ることもある。下がってくると増え、上がっていくと消えて晴れていく。地面に接すると霧になる。**(6月 10時)**

風で形が変わりやすい

綿菓子のようなふくらみ

風に流されていくときは左右対称にならず、
風下の方で膨らむことが多い

雲の底の高さがそろうことが多い

春
夏
秋
冬

朝
日中
夕
夜

わた雲が群れて流れると晴れかだんだん雨に（積雲）

その後

晴れ

雨に

昼間、太陽の光で地面
が暖まるとできやすい

大きくなるとにゅうどう雲になって
にわか雨も
少なくなると晴れのまま

上に成長できるかは、そのとき
の大気の状態による

上昇気流で雲ができる

丸みを帯びた雲のかたまりがいくつも浮かんでいる。できては消えることが多いが、
大きく成長することもある。晴れのままか、雨になることも。**（4月 10時）**

太陽の強い日差しで
雲が湧くことが多い
寒冷前線や台風のまわりにも多い
勢いがあると
高くなる
春
夏
秋
冬
雲の粒が多く、
太陽の光を散乱して
真っ白に見える
朝
日中
夕
夜
雲の下では急な雨（にわか雨）も

にゅうどう雲が膨らむと強い雨と風（積雲、積乱雲）

その後

雨
風

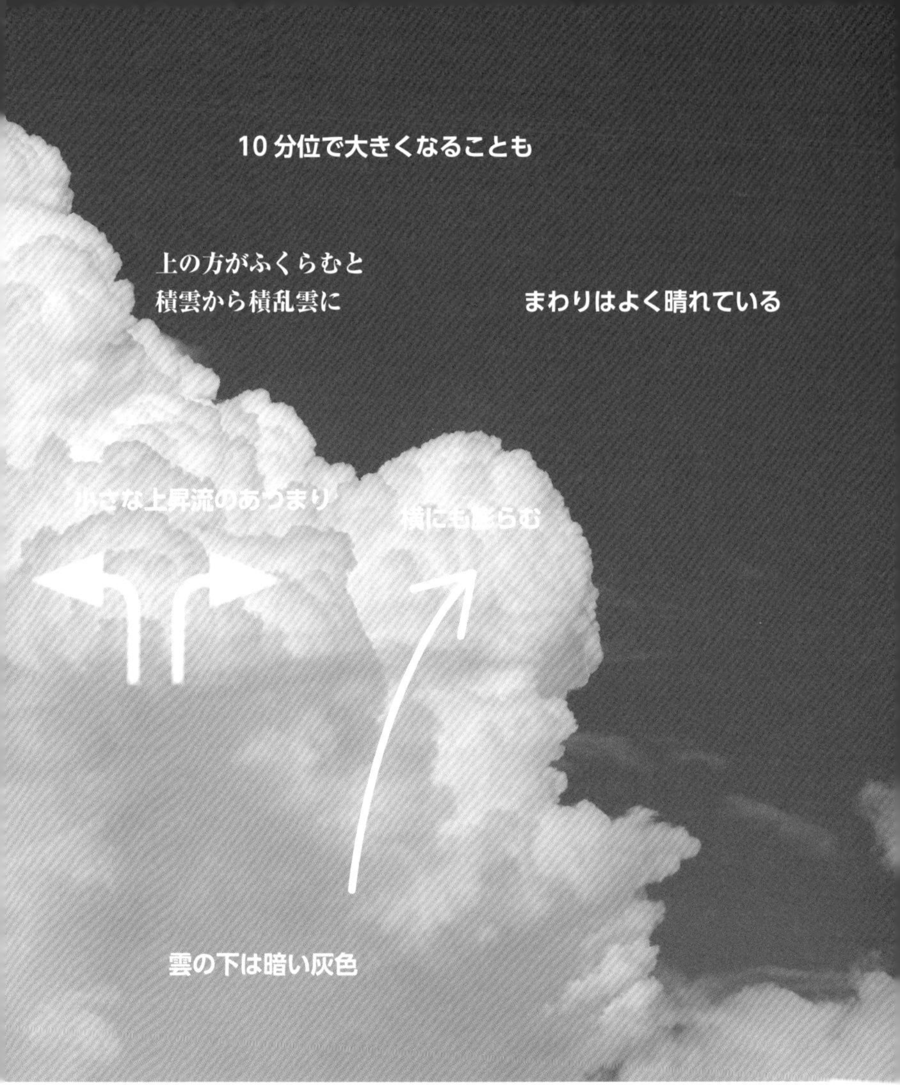

10分位で大きくなることも

上の方がふくらむと
積雲から積乱雲に

まわりはよく晴れている

小さな上昇流のあつまり

横にも膨らむ

雲の下は暗い灰色

わた雲が大きくなり、高い空までどんどん成長する。たくさんの小さな丸みで、大きくもくもくとした雲になっている。かみなり雲やかなとこ雲になることも。
（7月 16時）

まわりはよく晴れて、地面が暖まる
上の方の雲はすべて小さな氷の粒
10～15㎞の高さで
横に広がる
春
夏
秋
冬
朝
日中
夕
夜
地面付近でまわりから風が吹き込む
はじめに上昇する場所は狭い
わた雲がこの雲に飲み込まれる

かなとこ雲が高い空に広がると雷雨と風（積乱雲）

その後

雨
風

空気は湿気が多い
太陽を隠すと
急に暗くなる
上空に偏西風のない夏は
形が丸くなりやすい
壊れるときは上下に分かれる
雲の下では激しい雨や雷に
竜巻やダウンバーストを起こすことも

にゅうどう雲が成長すると、上が広がってかなとこ雲になる。雷が起こり、激しい雨が降り、竜巻など突風の心配もある。成長して30分程度で壊れる。**（7月 16時）**

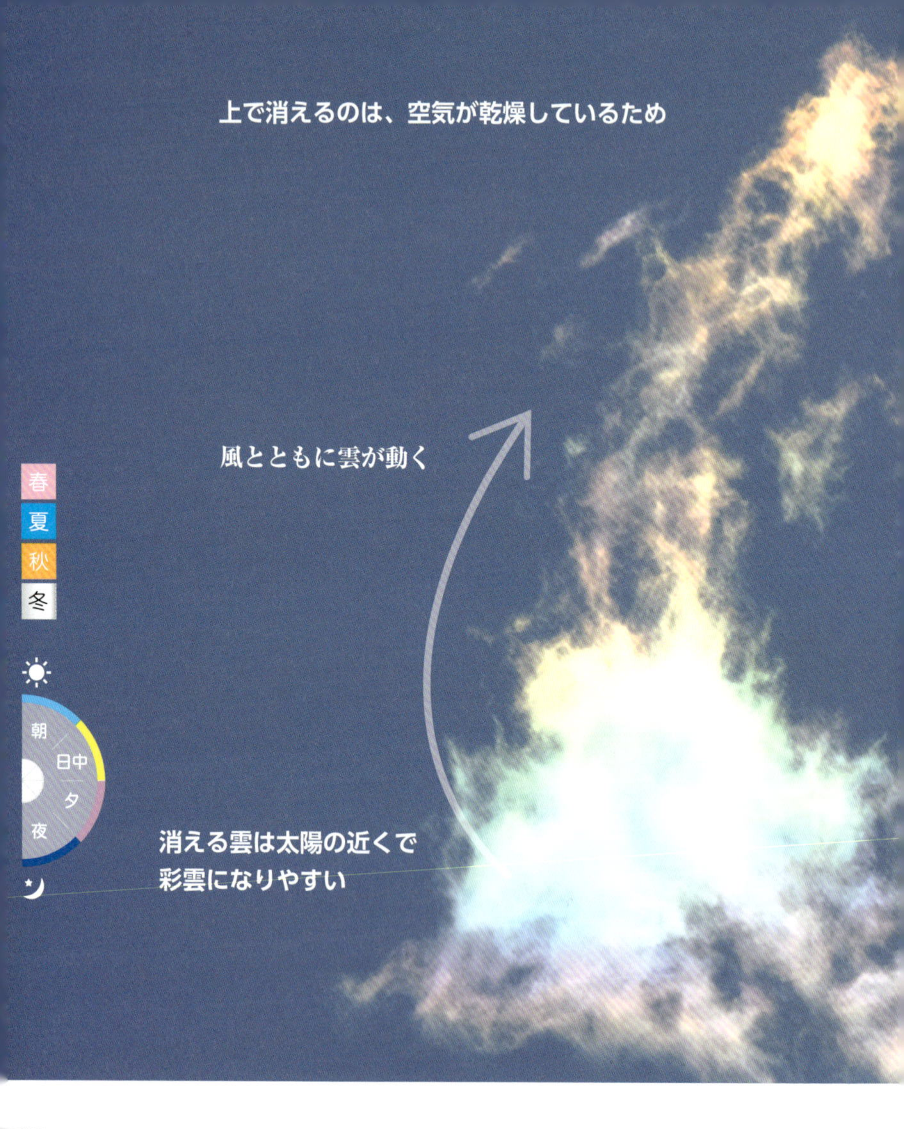
上で消えるのは、空気が乾燥しているため
風とともに雲が動く
消える雲は太陽の近くで
彩雲になりやすい
春
夏
秋
冬
朝
日中
夕
夜

ちぎれ雲が晴れた空を流れて晴れ続く

その後 →

晴れ

上空は澄んだ青空
右の方に高い山がある

低い空をちぎれ雲が流れるのは、風が山にぶつかったときなど。他に雲がなければ晴れが続き、風の心配だけ。上にも雲が出てきたら、雨になるかも。**(2月 15時)**

高い空には雲がない
春
夏
秋
冬
気温が上がると雲が消え、晴れていく
朝
地上が明るくなっていく

きり雲が流れて上がると晴れていく

その後 → 晴れ

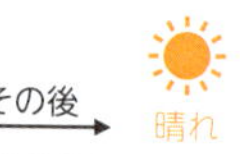

風の弱い冷えた朝に多い
風でゆっくりと流される雲
雲がゆっくり上がっていく
霧雨が降ることもある

朝に立ち込めていた霧は、太陽の光が当たると上昇してきり雲になった。気温が上がるとともに雲が上昇して消え、晴れていく。**（7月 7時）**

積乱雲が消え、上の雲だけが残った
ほとんど動かない
雲はだんだん消える
春
夏
秋
冬
朝
日中
夕
夜

すじ雲がもやもやしていたら晴れ続く

その後

晴れ

高い空に風が吹いていない（夏だけ）

小さな氷の粒でできている

すじの向きがさまざま

すじ雲のすじの向きがさまざまで、羽毛のような形状をしている。これは積乱雲の残骸で、上空に風がなく、天気はこのまま晴れる。**（8月 17時）**

青い空にできている

消えていくうろこ雲

積乱雲が消えるときに残ったのかもしれない

春
夏
秋
冬

朝
日中
夕
夜

うろこ雲が少しだけあったら晴れ続く

その後

晴れ

他に雲がない
ほとんど動かない
うろこ雲のかたまり

うろこ雲が小さなかたまりで空に浮かんでいて、ほとんど動かないときは天気の崩れはなく、晴れが続くことが多い。**（8月 10時）**

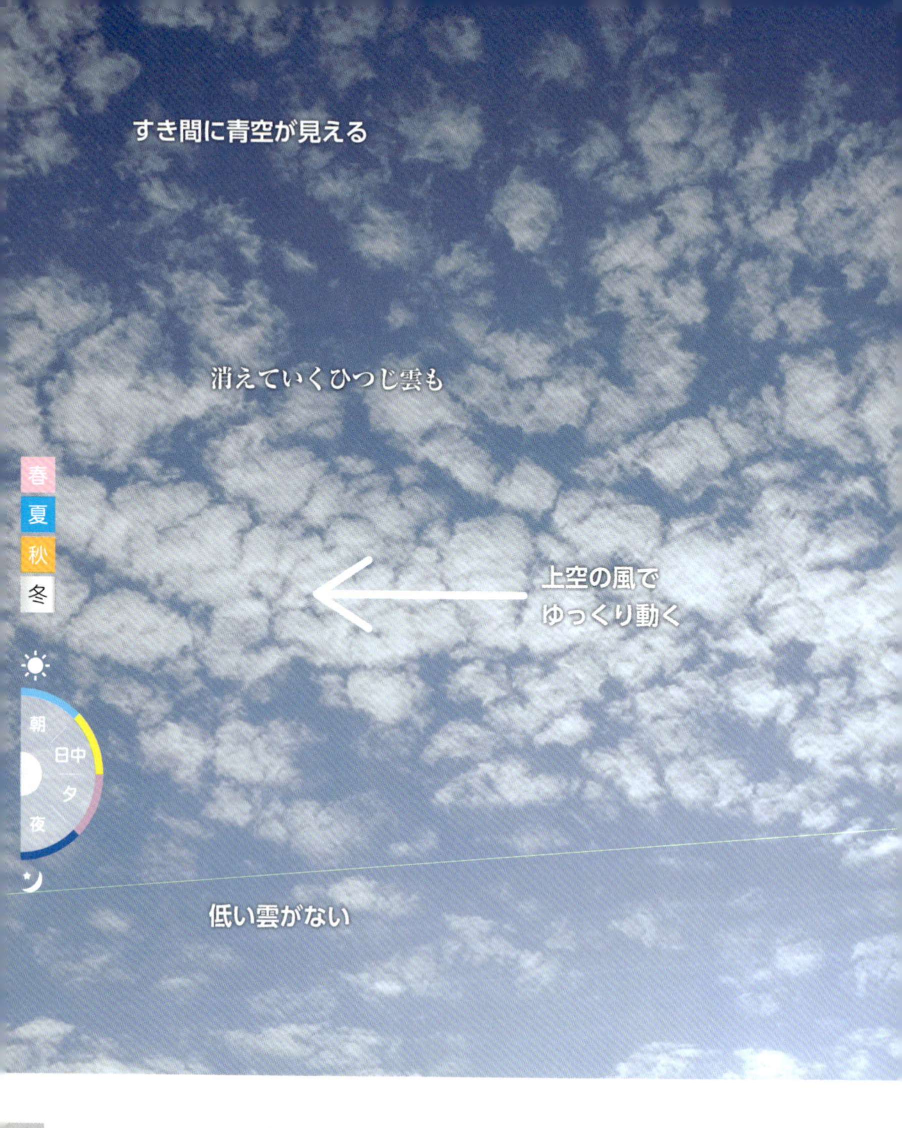
すき間に青空が見える
消えていくひつじ雲も
上空の風で
ゆっくり動く
低い雲がない
春
夏
秋
冬
朝
日中
夕
夜

ひつじ雲のすき間が青空だと晴れ続く

その後

晴れ

高気圧の周辺に多い
次の高気圧が来る可能性も
雲の輪郭がはっきりしない

ひつじ雲が広がっていても、すき間は青空で他に雲がないときは、天気が崩れないことが多い。またよく晴れる可能性がある。**(11月 8時)**

上空はよく晴れている
朝になって太陽の光が当たる
雲の動きは遅い
さらに低いときり雲という
地面に付くと霧になる
春
夏
秋
冬
朝

うね雲が朝に雲海になっていたらだんだん晴れる

その後 → 晴れ 曇り

夏から秋に多い

雲が上昇して消える

うね雲が広がっている

ゆっくり動くことも

雲の下はうす暗く、気温が低い

高い山から見下ろした層積雲は雲海となる。夜から朝に冷えたためにできた。上は晴れているので、朝になって太陽の光が当たるとだんだん消えていく。**(7月 11時)**

上空はよく晴れている
風はほとんどない
太陽の光が当たると動き出して消える
霧が地表面から離れるときり雲になる
春
夏
秋
冬
朝

霧が朝に漂っていたら晴れていく

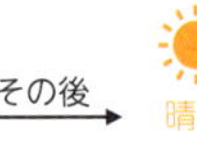
その後

晴れ

低い山から見ると雲海のよう
夜に冷えて霧ができた
水分があると霧ができやすい

夜から朝に湖や川の上、盆地や平野などで、霧が広がっていることがある。上は晴れて、太陽が出るとすぐに消えて晴れる。**(12月 7時)**

空気が乾燥しているので
上昇すると雲の粒が消える

暖まった地面からの
上昇気流でできる

春
夏

秋
冬

他の種類の雲がない

日中

わた雲が昼にぽつんとあったら晴れ続く

その後 → 晴れ

きれいな青空

わた雲はほとんど動かない

わた雲が日中の暖かさでぽつんと浮かび、大きくならないときは晴れが続く。ただし、次々と動いていくようなら天気の変化がある。**（9月 11時）**

わた雲の形は横に広がっている
暖まった地面からの上昇気流
春
夏
秋
冬
朝
日中
夕
夜

わた雲が平たいときは晴れ続く

その後

晴れ

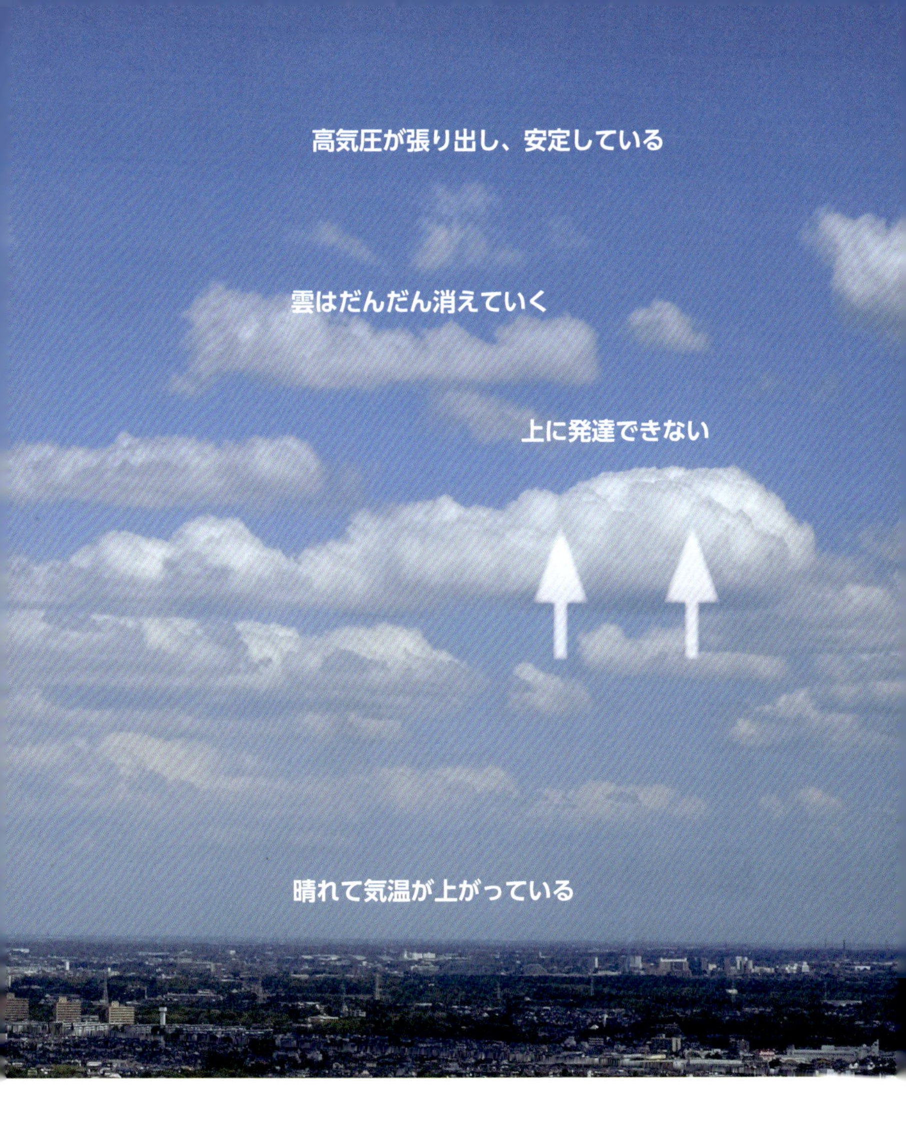
高気圧が張り出し、安定している
雲はだんだん消えていく
上に発達できない
晴れて気温が上がっている

平たいわた雲がたくさん浮かんでいるのは、高気圧が上の方から覆っているため。雲は発達できないので、晴れが続く。(4月12時)

高い雲はほとんど動かない
かなとこ雲の残骸
春
夏
秋
冬
日中
夕
夜
低い雲はゆっくり移動する
もし成長したら注意

かなとこ雲は上が残って晴れていく

その後

晴れ

上の方は気温が低く、小さな氷の粒になっている
雲はゆっくり下がる
雲は消えて行く
空の雨粒で虹が

かなとこ雲の下の方が消えて、上だけ残っている。上の方の雲はだんだん下がって小さくなり、消えていく。にわか雨は終わる。(8月 17時)

数十kmの高い空では氷の粒となり、
夜間にさまざまな色に輝くことがある

自然にできた雲

ロケットは下がって見えるが、実際は上昇している

春
夏
秋
冬
朝
日中
夕
夜

ロケット雲が消えると晴れ続く

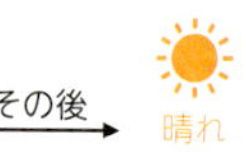
その後
晴れ

悪天時は打ち上げない

水滴の集まりで雲と同じ

太陽の光を跳ね返して真っ白に見えている
曇りの日はやや灰色に見える

乾燥した天気だと、だんだん消える

ロケットは水素と酸素を結合させた力で進むので、水蒸気を排出し、冷えて水滴となる。これは雲と同じもので、晴れた空で蒸発して消える。**(12月 13時)**

台風は遠くに去ったが、
吹き返しの風に注意
風が下降すると雲が消える
春
夏
秋
冬
風が乱れて、いろいろな雲ができる
朝
日中
夕
夜
急な突風に注意
台風が遠ざかるとともにこれらの雲は消えていく

つるし雲は台風去って晴れていく

その後

晴れ

上空はよく晴れてきた
巨大な渦のような雲ができた
まわりからも風が集まる
富士山を越えた風が上昇する

台風が過ぎ去るとき、平地では晴れるが、山では気流によってふだん見られないさまざまな雲が現れる。雲は風の流れを示し、強風に注意したい。**（7月 5時）**

盆地から雲があふれてきた
冷たい空気とともに流れる
雲の動きは目でもわかる
こうした現象が起こる場所は決まっている
春
夏
秋
冬
朝

滝雲が朝に流れて下ると晴れていく

その後
晴れ

上空はよく晴れていて、
放射冷却で地表付近の気温が下がった
冷たいので、重力で斜面を下る
暖まると消える

晴れた朝に冷えた盆地にできた大量の雲や霧があふれて下ることがあり、「滝雲」や「滝霧」と呼ぶ。気温が上がると消える。**(9月 6時)**

台風が去っていった
向こう側で雲の粒ができる
乾いた風が吹いている
こちら側で雲の粒が消える
空気が澄んで、山がよく見える
春
夏
秋
冬
朝
日中
夕
夜

笠雲だけだと晴れていく

その後 →

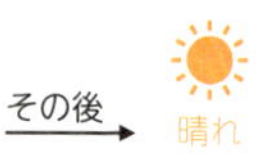
晴れ

高い空には雲が少ない
富士山を乗り越えるときに、
気温が下がって笠雲ができる
笠雲はだんだん小さくなった

笠雲は天気が悪くなるときにできやすいが、高い空が晴れて空気が澄んでいるときは、笠雲も消えてよく晴れていく。台風の後などに見られる。**（8月 10時）**

夕日が当たった小さな飛行機雲は
まるで彗星のよう

飛行機雲は、マイナス 50 度位の気温でできやすい
高度は 9 ～ 12㎞位になる
気温が高いときは飛行機雲ができない

春
夏
秋
冬

朝
日中
夕
夜

夕方は飛行機が多い

飛行機雲が消えていくと晴れ続く

その後
晴れ

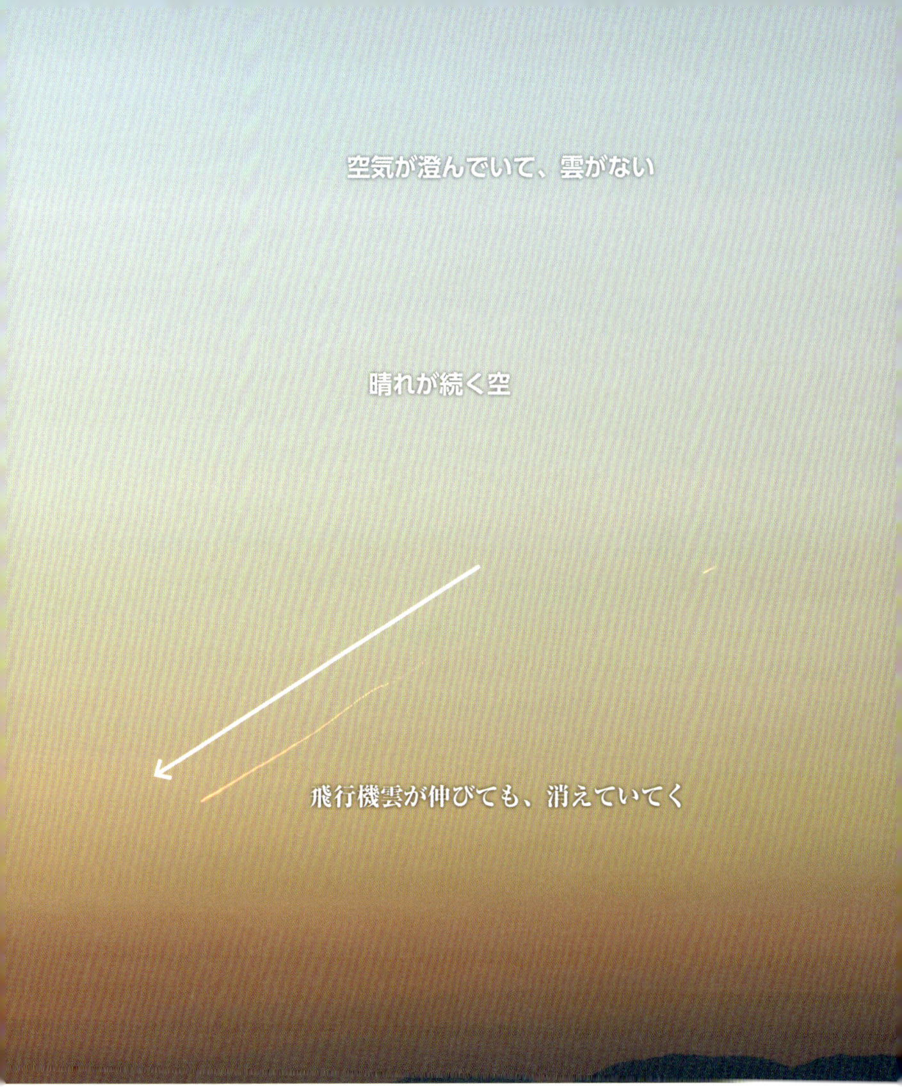

空気が澄んでいて、雲がない

晴れが続く空

飛行機雲が伸びても、消えていてく

飛行機雲は天気が悪くなるときだけでなく、気温が低い高い空にできやすい。できてもすぐに消えていくときは、空気が乾燥しているため晴れる。**（1月 17時）**

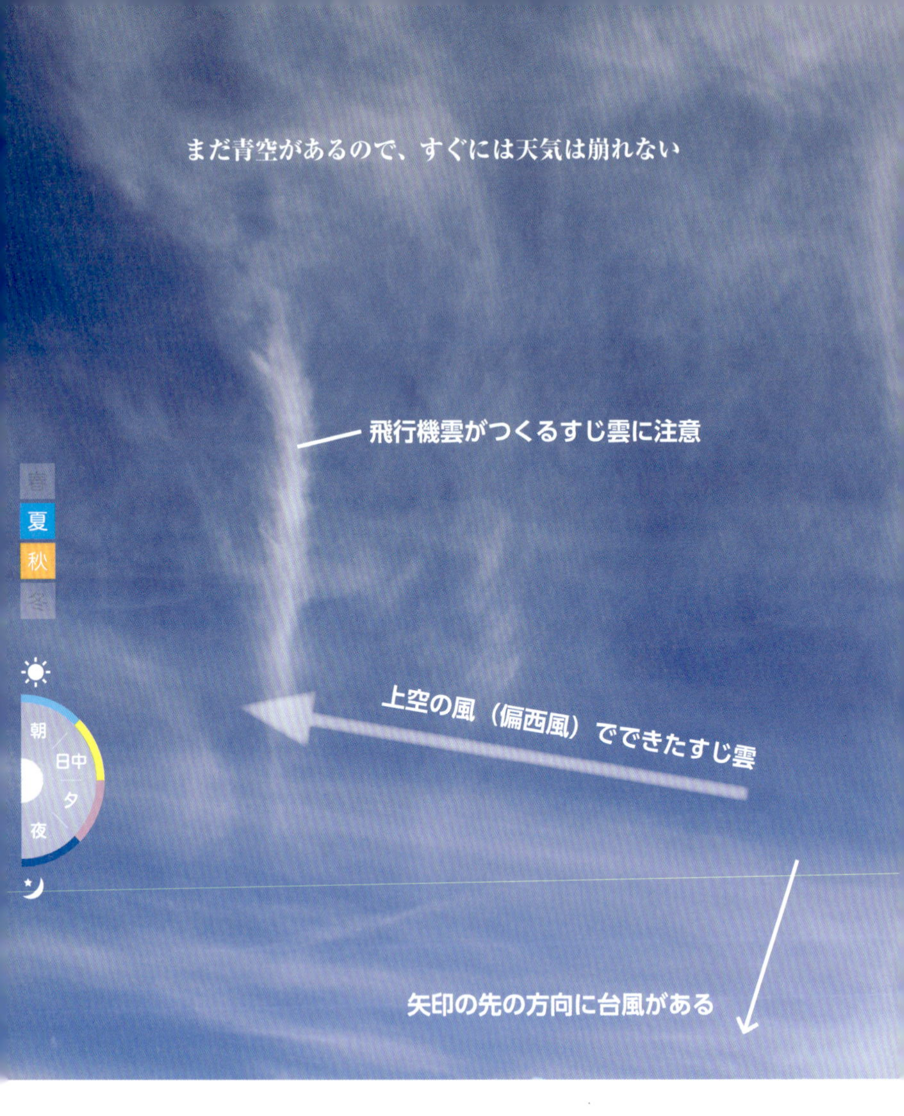
まだ青空があるので、すぐには天気は崩れない
飛行機雲がつくるすじ雲に注意
春
夏
秋
冬
朝
日中
夕
夜
上空の風（偏西風）でできたすじ雲
矢印の先の方向に台風がある

すじ雲が交差していると台風接近かも

その後

雨に
風

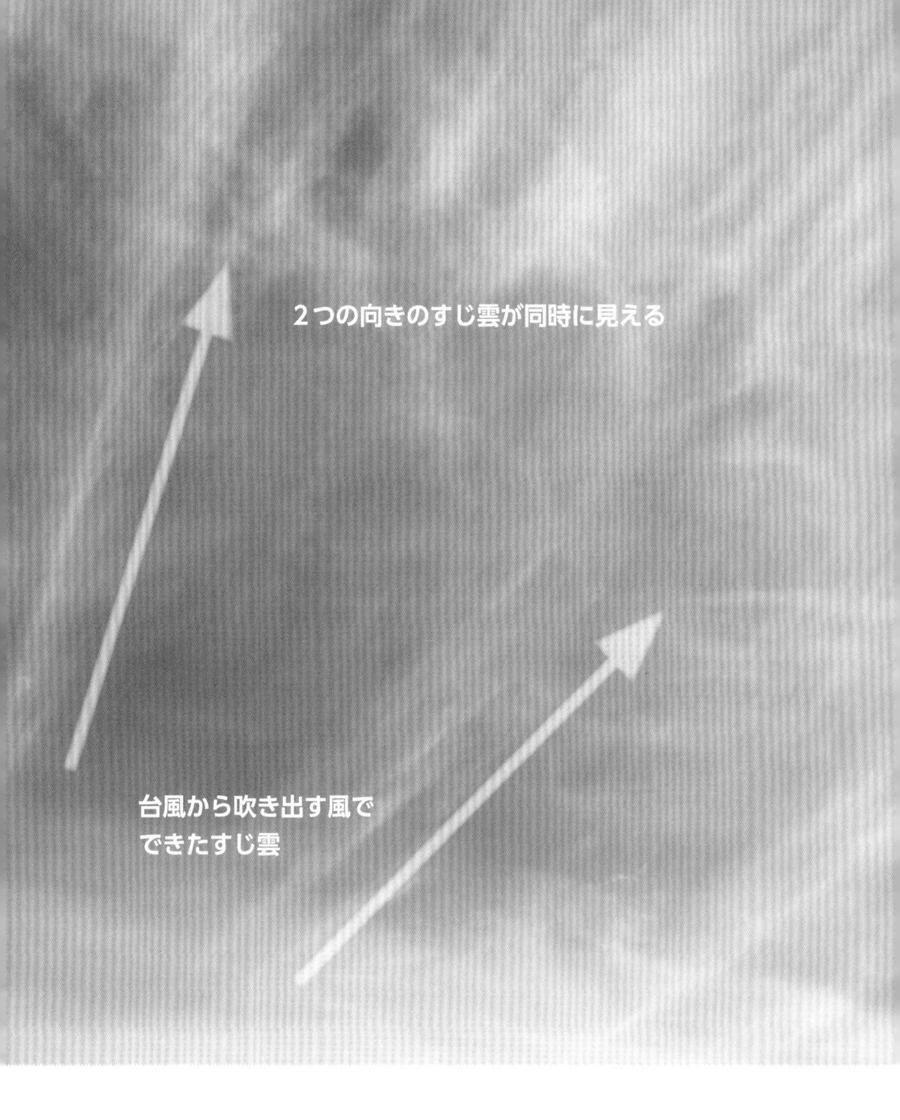
2つの向きのすじ雲が同時に見える
台風から吹き出す風で
できたすじ雲

すじ雲が違う方向から同時に出ていたら、台風の接近などの可能性がある。翌日から3日間程度、雨や風に注意したい。**（9月 16時）**

上空にも強い風が吹いている
雲の粒ができる
雲の粒が消える
湿った強い風
高い山はレンズ雲の中に入ることも
地上はまだ風が弱い
春
夏
秋
冬
朝
日中
夕
夜

レンズ雲がたくさん集まると雨や風に

その後 → 雨に　風

風が波を打ち、上昇したところで雲ができる
レンズ雲はほとんど動かない

レンズ雲は湿った強い風が吹いてできる。山は悪天になり、平地もだんだんと風が吹き、雨が降る可能性が高い。**(10月 12時)**

高い雲は右（西）から左（東）へ
上に雲があると、わた雲は灰色に
地上の風は低い雲の動きと同じ
春
夏
秋
冬
朝
日中
夕
夜

上下の雲の動く向きが違うとだんだん雨に

その後 → 雨に

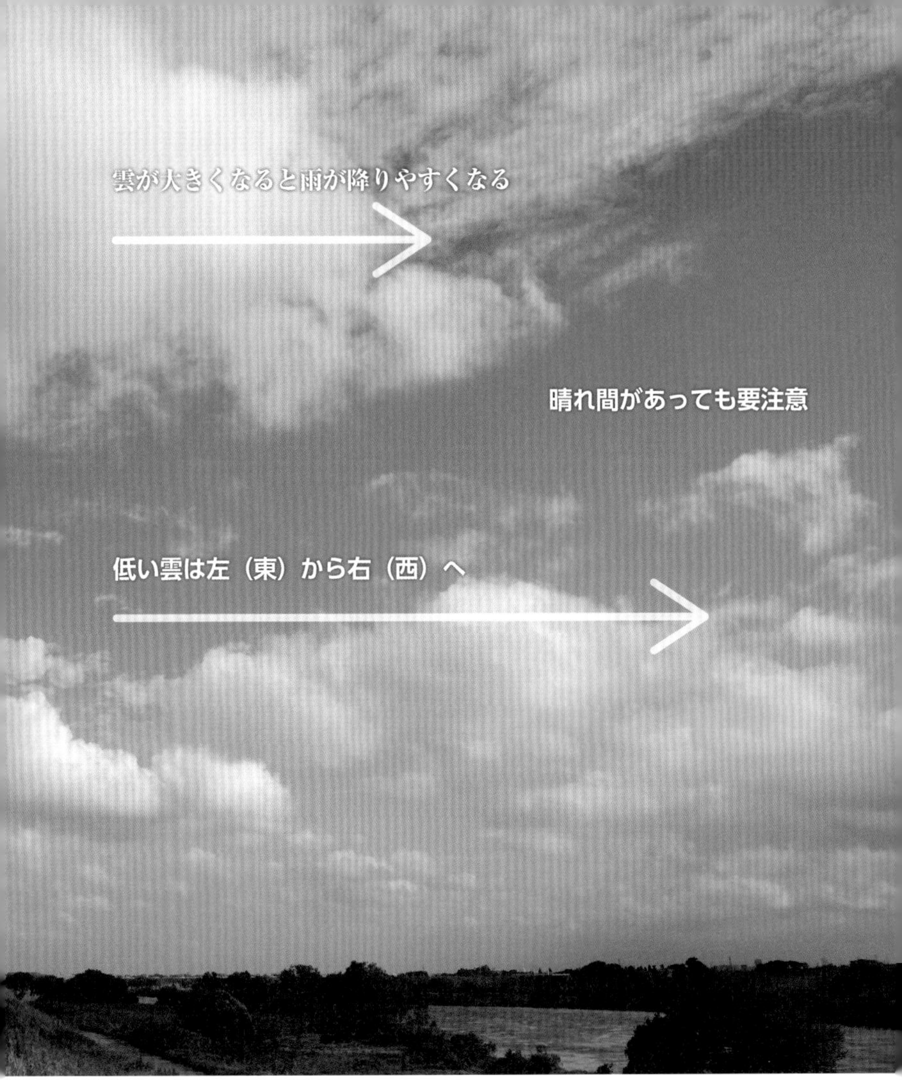

雲が大きくなると雨が降りやすくなる

晴れ間があっても要注意

低い雲は左（東）から右（西）へ

上と下の雲の動きが全く違うときは、低気圧や前線がすぐ近くにあり、晴れていても、この後雨になる可能性がある。低い雲が大きいほど雨が強くなる。**（9月16時）**

1つの雲の寿命は1時間余り
次々発生すると長くなる
よく晴れている
春
夏
秋
冬
朝
日中
夕
雲がどんどんせまる

黒い雲で空が暗くなると雷雨と風

その後 →  雨  風

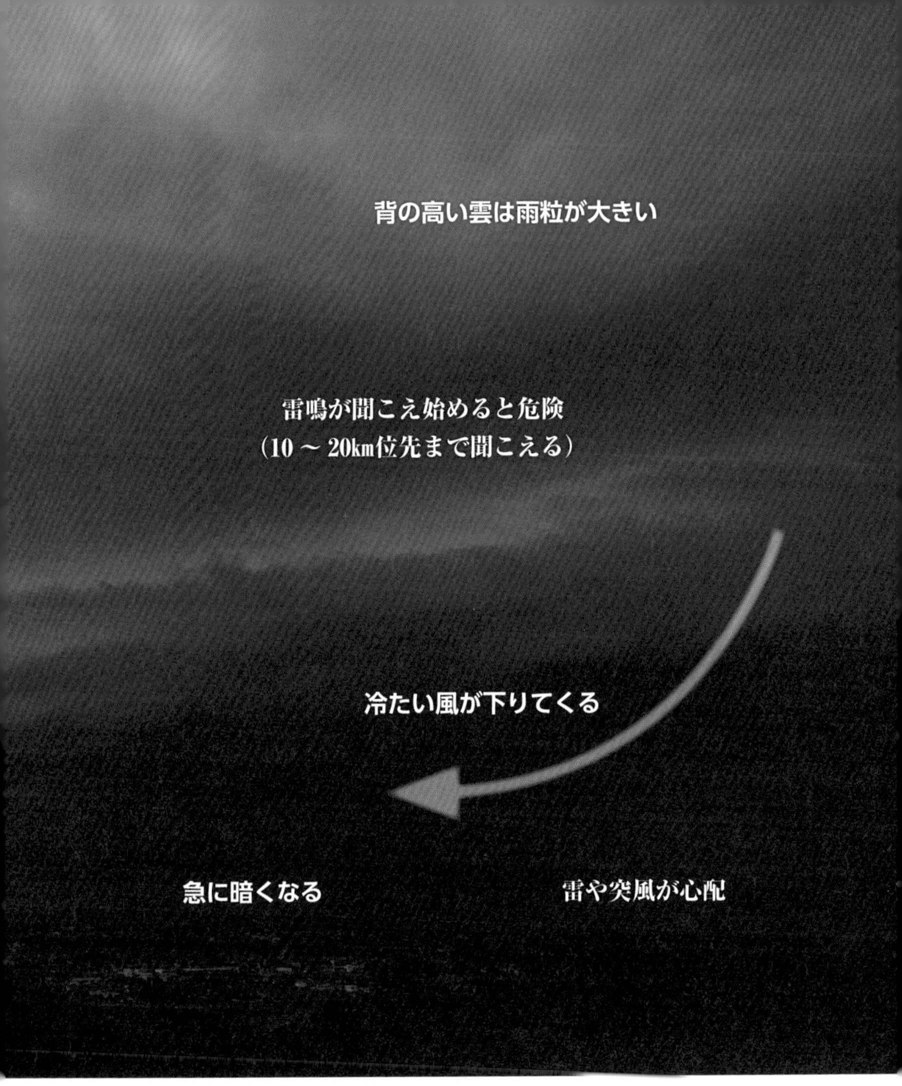

背の高い雲は雨粒が大きい

雷鳴が聞こえ始めると危険
(10 ~ 20km位先まで聞こえる)

冷たい風が下りてくる

急に暗くなる

雷や突風が心配

晴れている空が急に暗くなり、真っ黒な雲が近づいてきたら、雷とともに急な激しい雨や突風に注意したい。写真の状態だと10分もせずに強い風雨に襲われる。すぐに避難すべし。(4月 17時)

上空は別の風が吹き、灰色の雲がやってきた
高い空にも雲がある
春
夏
秋
冬
朝
日中
夕
夜
数時間後に雨の心配

笠雲が幾重にもなると雨や風

その後
雨に
風

別の湿った風が上にも笠雲をつくる
湿った風が利尻富士を越えるときに
笠雲をつくる

笠雲が二重になるのは、湿った風が幾重にも吹いているためで、天気が悪くなる。上空にも灰色の雲があり、動く向きが違うので、雨や風の心配がある。**（6月 16時）**

縁に彩雲
風下側に大きなつるし雲をつくる
春
夏
秋
冬
朝
日中
夕
夜
こうした雲が弱い雨を降らせることも
笠雲が同時にできたら雨が近い

つるし雲が山の横で大きくなると だんだん雨に

その後 → 雨に

まだ空は青いが、翌日が心配
富士山にぶつかって風が上昇する

やや高い空の湿った強い風は、山の後ろに大きなつるし雲をつくる。まだ晴れているが、翌日の悪天が心配だ。（3月 14時）

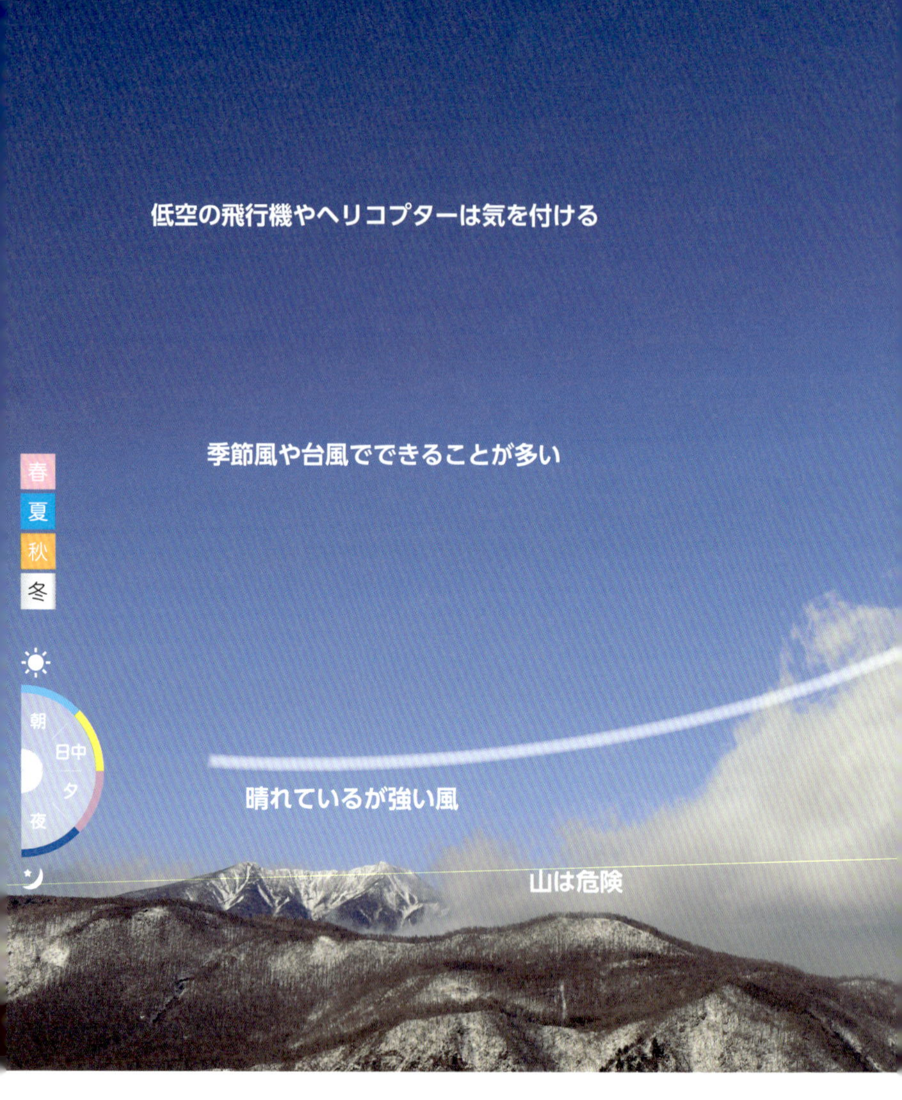
低空の飛行機やヘリコプターは気を付ける
季節風や台風でできることが多い
晴れているが強い風
山は危険
春
夏
秋
冬
朝
日中
夕
夜

旗雲が山からなびいたら雨と風

その後

雨

風

上空は乾燥していて、雲は消える

山から大きな旗のような雲が湧く

雨や雪がぽつぽつ降る

山から旗がなびくように大きな雲が湧いていたら、山のすぐ上で強い風が吹く証拠。
雲から雨や雪がぽつぽつと降ることがある。**（1月 15時）**

高い空はよく晴れている
暖まった斜面を上る風で雲が湧く
春
夏
秋
冬
日中
夕
岩の斜面は暖まりやすい
成長した雲が流れて来たら
ふもとも雨になる

雲が山を隠していったら雨に

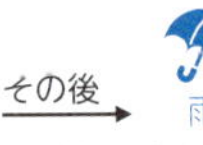
その後

雨

これより雲が高くなると、山で雨の心配がある
両側から雲が上がり、山頂まで覆う
登山は雲がまだ湧かない早朝がよい

晴れて暑い日は山の斜面が暖まり、上昇気流によって雲が湧く。山にいる人は景色が見えず、この後に雨が降る可能性がある。**（7月 15時）**

雲がかなり低く、
空気は湿っている
雲が異常に明るい
街灯が多い
春
夏
秋
冬
夜

低い雲が夜に明るく見えたら雨近い

その後 →

雨

高い雲の場合は、距離があるため
あまり明るくない
断続的に弱い雨が降りそう

夜に雲が明るく見えることがあるのは、雲が低いため街灯りが当たっているから。
これから雨か、雨が降ったり止んだりする。**(10月 20時)**

空が明るいと雨が降らないことも

数えきれないほどの数

春
夏
秋
冬

朝
日中
夕
夜

暗くなると雨が近い

乳房雲が広がったら大雨に

その後

雨

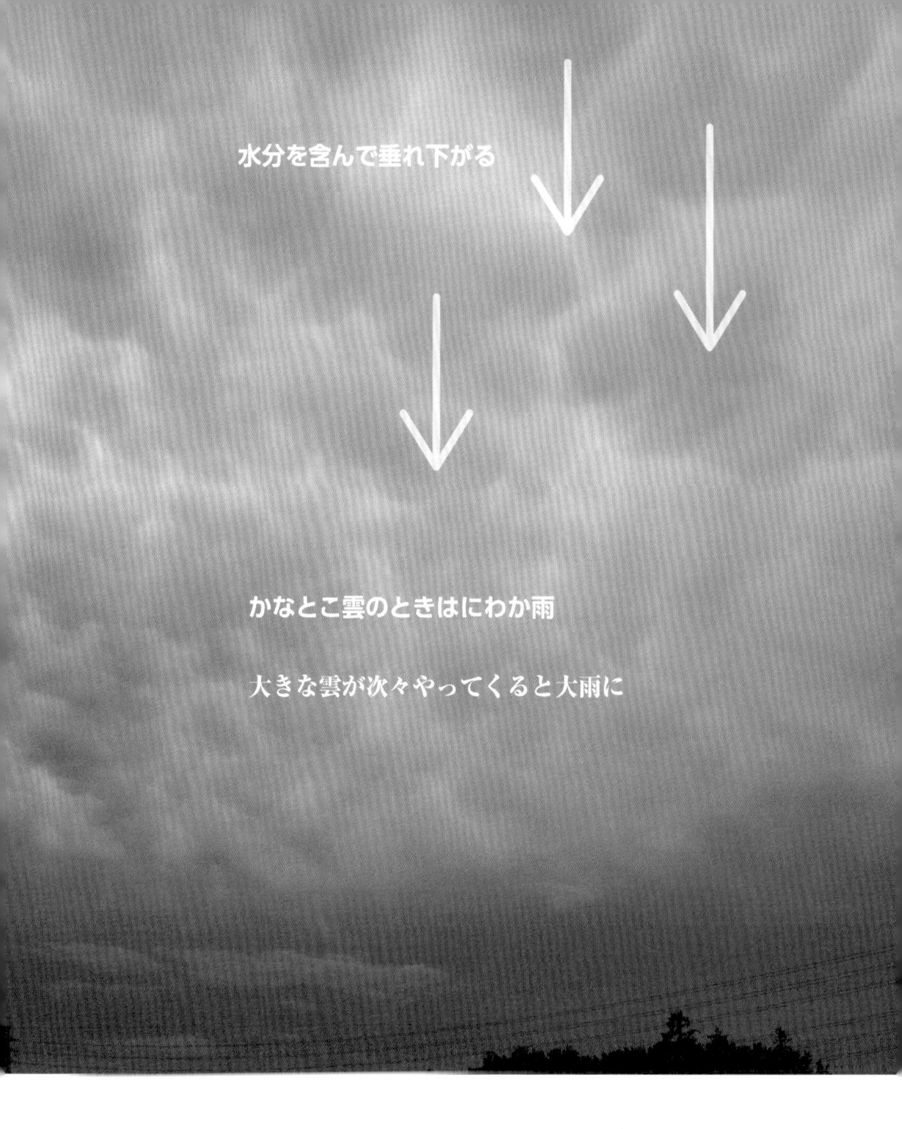
水分を含んで垂れ下がる
かなとこ雲のときはにわか雨
大きな雲が次々やってくると大雨に

雲からこぶ状のかたまりがたくさん垂れ下がる。雲の水分が多い証拠で、雨が強く降る可能性がある。すぐに降ることもあれば、しばらくしてから、長い時間の大雨も。**(10月 8時)**

成長してかなとこ雲になって雷雨

持ち上げられた空気が冷えてできた頭巾雲

横の風はない

春
夏
秋
冬

朝
日中
夕
夜

激しい上昇気流

激しい雨と雷が心配

雲の下は暗い

頭巾雲がにゅうどう雲にできたら雷雨と風

その後 → 雨  風

こちらはかなとこ雲にはならないかも
頭巾雲はできない
ふつうの上昇気流
上昇気流は次々と起こる
大きな雲は風を吹き込む

にゅうどう雲にベレー帽が乗ったような頭巾雲は、にゅうどう雲の上昇が激しいために持ち上げられた空気からできた雲。かなとこ雲になって雷雨になるだろう。
(8月 18時)

動きと直角方向に縞模様
雲を横から見ると、
回転している
天気の変化が速く、荒れやすい
低い雲が増えてきたら、注意したい
春
夏
秋
冬
朝
日中
夕
夜

波状雲（さば雲）が広がったら だんだん雨に

その後 → 雨に

晴れ間があるので、すぐに雨ではない

雲が大きく低くなると、悪天が近づく

風が強いと縞模様になりやすい

縞模様の波状雲が空にたくさん見えたら、この後に発達した低気圧がやってきて、雨や風が強くなるかもしれない。低い雲も出たらさらに注意。**(10月 9時)**

発達するとき、後ろ側はだんだん太くなっていく

長い飛行機雲ができた

飛行機雲が成長した雲

春
夏
秋
冬

朝
日中
夕
夜

飛行機雲がずっと残ると だんだん雨に

その後
雨に

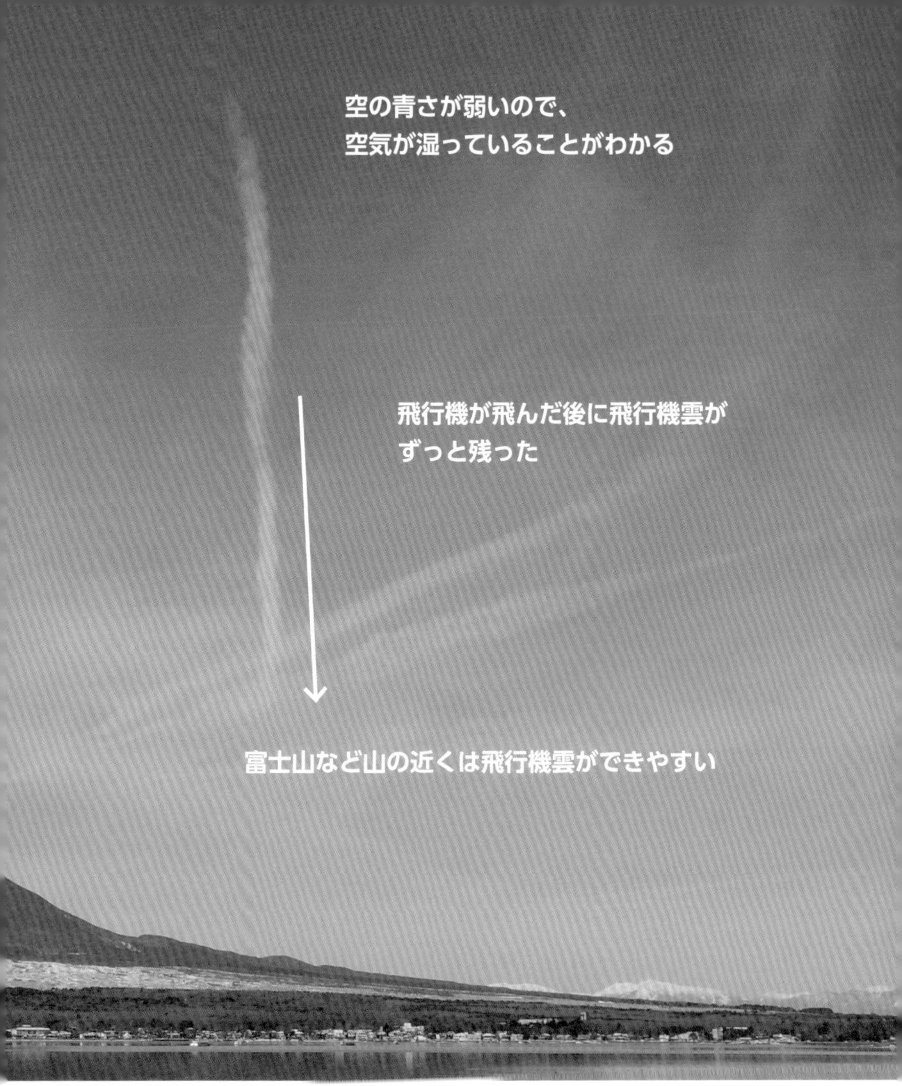

空の青さが弱いので、
空気が湿っていることがわかる

飛行機が飛んだ後に飛行機雲が
ずっと残った

富士山など山の近くは飛行機雲ができやすい

飛行機雲が長く残って太くなっていくと、空気が湿っているため、低気圧接近など雨の心配がある。飛行機雲は高さや気温でも変わるので、予想は当たらないことも。
（2月 9時）

背の高い、暗い大きな雲

雲の移動

雷の心配もある

すじは雨が降っているところ

急に雨になる

雨が強い

周囲が見えなくなることも

春
夏
秋
冬

朝
日中
夕
夜

雲から地面へのすじは にわか雨

その後 →

雨

雨が降る時間は短いが、
雨粒が大きく、濡れる
雨が弱い
通り雨

暗い雲からすじが地面まで垂れ下がっていたら、にわか雨が降っている。こちらにやってきたら、急に大粒の雨が一時的に降る。**（4月 16時）**

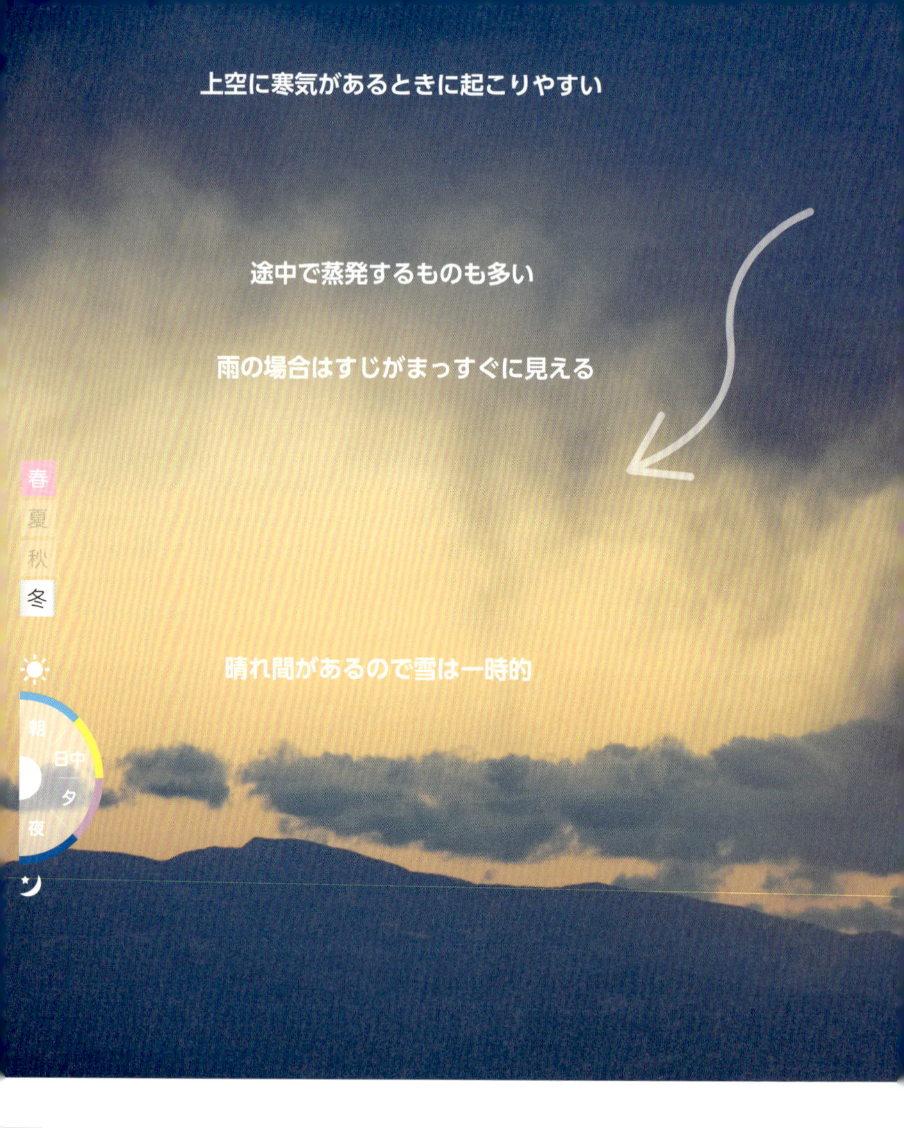
上空に寒気があるときに起こりやすい
途中で蒸発するものも多い
雨の場合はすじがまっすぐに見える
晴れ間があるので雪は一時的
春
夏
秋
冬
朝
日中
夕
夜

雲からのもやもやのすじは降る雪

その後 → 雪

背の高いにゅうどう雲のようだ
ゆき雲から雪がゆっくり下りる
風に流されながら降る
うね雲からはほとんど降らない

低い雲からもやもやとしたすじが下りてきたら、雪が降る可能性がある。雪はゆっくり降るので途中で蒸発することもあり、降る時間は短い。**（2月 17時）**

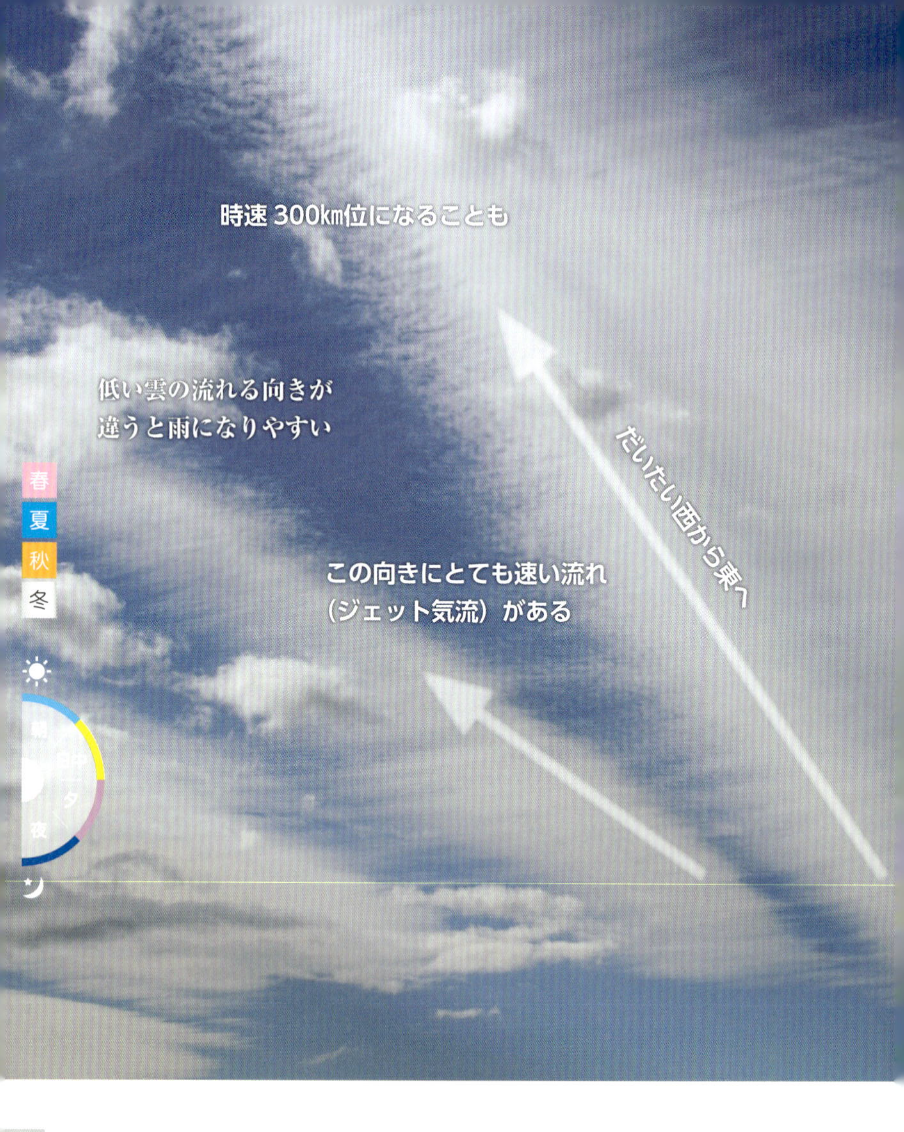
時速 300㎞位になることも
低い雲の流れる向きが
違うと雨になりやすい
だいたい西から東へ
この向きにとても速い流れ
（ジェット気流）がある
春
夏
秋
冬

ジェット気流の雲が伸びると だんだん雨に

その後 → 雨に

今はよく晴れているが、要注意

風の流れと直角方向に
縞模様ができやすい

高い空に長い雲や縞模様の雲が速く流れていたら、上空の偏西風が強い。天気の変化が速く、低気圧による雨や雪が近い可能性が。**(1月12時)**

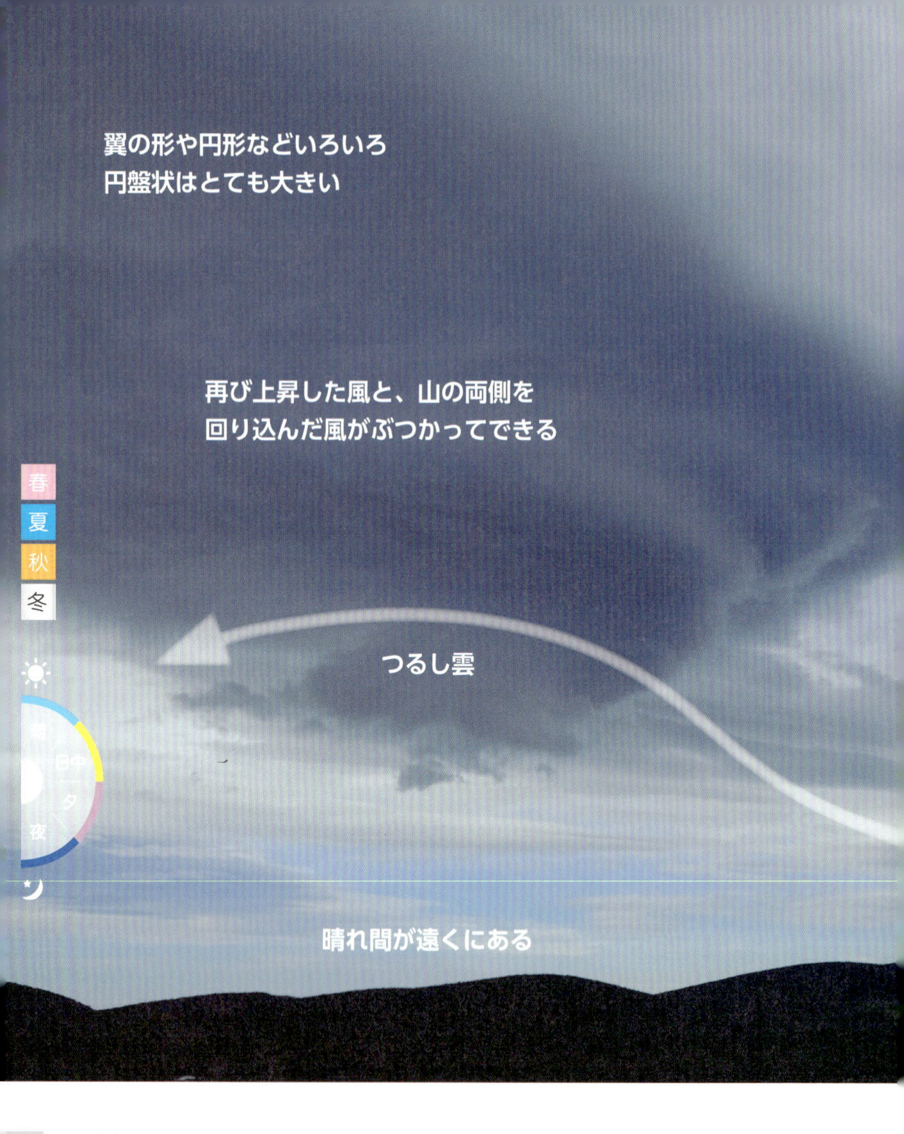
翼の形や円形などいろいろ
円盤状はとても大きい
再び上昇した風と、山の両側を
回り込んだ風がぶつかってできる
春
夏
秋
冬
つるし雲
日中
夕
夜
晴れ間が遠くにある

笠雲とつるし雲が一緒だと雨近い

その後

雨

高い空にも雲があって、太陽の光は弱い
低気圧や前線が近いだろう
高い独立峰の富士山は雲の形がきれい
山を越える風でできる
笠雲

笠雲だけだと晴れることもあるが、つるし雲が同時にできると、ほぼ雨になる。湿った風が強く吹いているからだ。**（7月 7時）**

くらげのような雲は下降する風か
青空だがやや白っぽい
山頂付近は風が強い
春
夏
秋
冬
朝
日中
夕
夜

笠雲と他の雲が一緒だとだんだん雨に

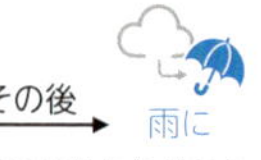
その後
雨に

上にも雲が増えている
上にも湿った風
湿った風が富士山にぶつかる

天気が悪くなる前の笠雲は大きく、何重にもなっていることがある。空気が湿って、まわりにもいろいろな雲ができている。**（3月 11時）**

光から天気を予想する

日暈
環水平アーク
雲の影
蜃気楼
〈日中〉

第2章

きれいな青空は、空気の分子に太陽の光が当たって生まれます。朝夕は、空気の中を長く通ってきた太陽光が赤っぽくなり、朝焼けや夕焼けになります。雲は太陽の光をたくさん跳ね返すので、日中に白く見え、朝夕は黄色・橙色・赤色に染まります。また、氷の粒でできている高い雲は、太陽の光を屈折させて、さまざまな色の現象をつくります。水蒸気の多い空は水の粒が浮かんでやや濁り、そこに光のすじができます。また、雨粒にできる虹が太陽と反対側に見えたり、空気の急な温度差で蜃気楼が発生することもあります。

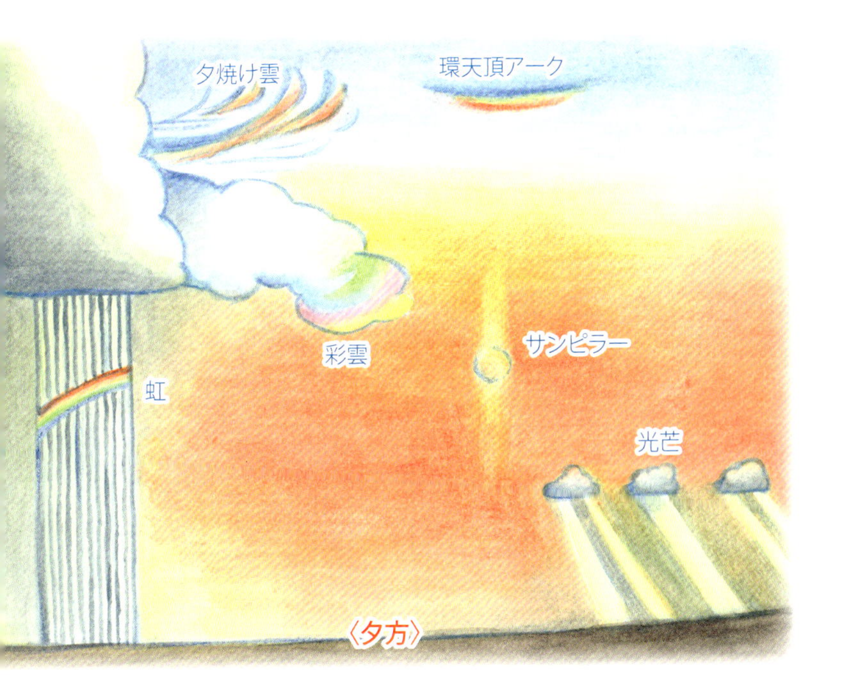
夕焼け雲
環天頂アーク
彩雲
サンピラー
虹
光芒
〈夕方〉

きれいに晴れた空

春
夏
秋
冬
朝
日中
夕
夜

トビ
日中は上昇気流を
使って高く上がる

青い空が澄んでいると晴れ続く

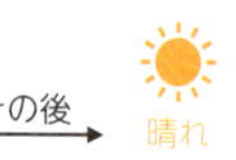
その後
晴れ

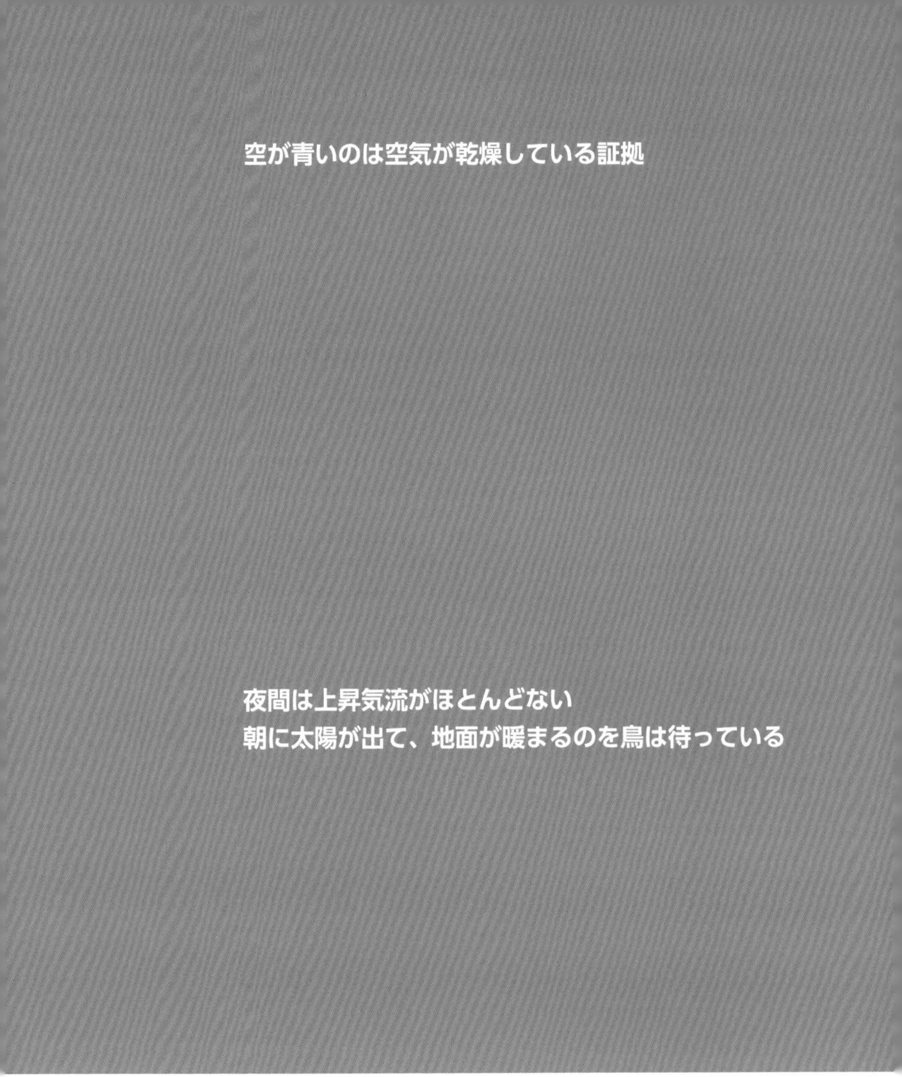

空が青いのは空気が乾燥している証拠

夜間は上昇気流がほとんどない
朝に太陽が出て、地面が暖まるのを鳥は待っている

きれいな青空は、空気が乾燥しているので、上昇気流があっても雲ができにくい。
鳥は上昇気流を使って上がり、澄んだ空から獲物を探す。**(5月 10時)**

夜明けの光景

高い空は濃い青色

太陽が昇る 40 分位前に薄明の色が鮮やか

朝のこの時刻に気温が最も下がりやすい

春
夏
秋
冬

朝
夕

朝夕の薄明がきれいだと晴れ続く

その後

晴れ

少しの雲はこの後色づく

気温が低い冬は、水蒸気量が特に少なく、
空が澄んでいる。

夕方の薄明も同様

薄明は日の出前や日の入り後に見られる空である。空気が乾燥している日は色がきれい。そうした日は雲ができにくく、しばらく晴れる。**（1月 6時）**

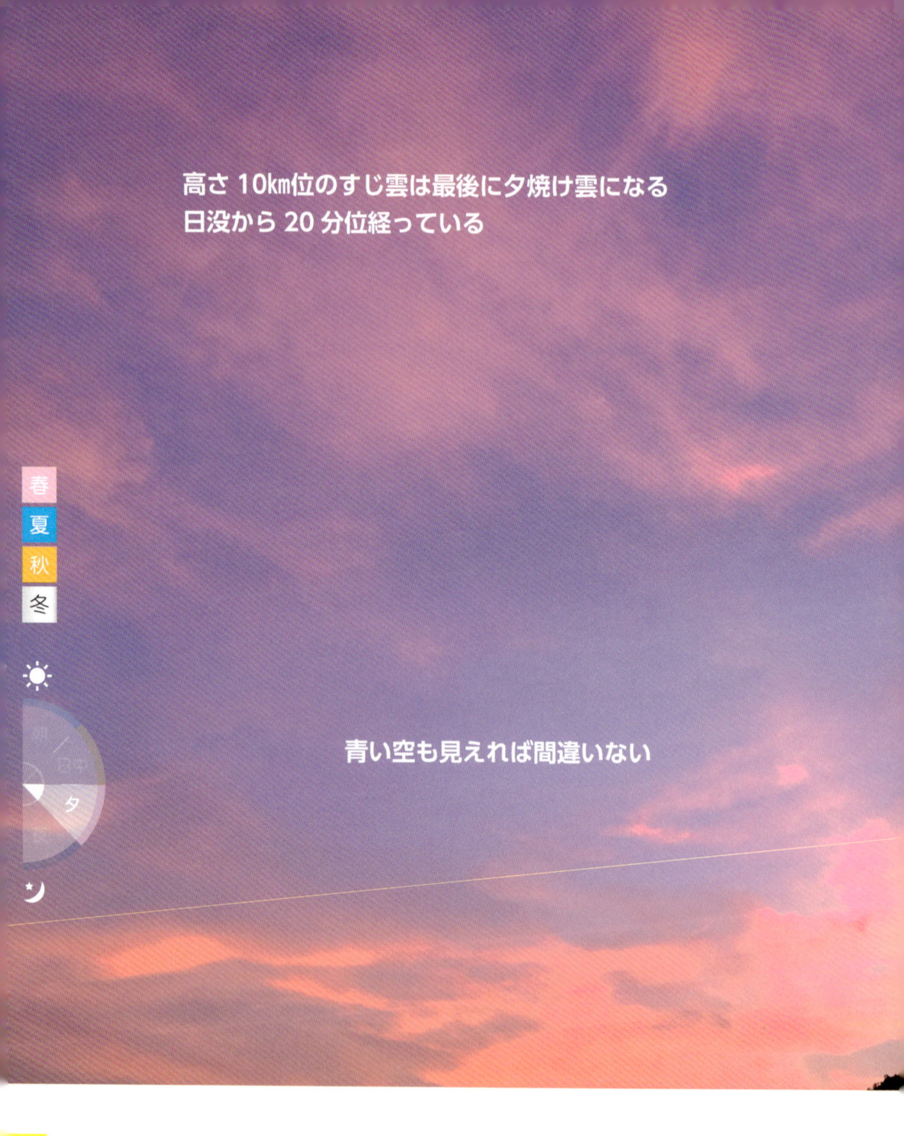
高さ 10㎞位のすじ雲は最後に夕焼け雲になる
日没から 20 分位経っている
青い空も見えれば間違いない
春
夏
秋
冬
朝
日中
夕
夜

夕焼け雲が明るく美しいと晴れていく

その後

晴れ

弱い太陽の赤い光と青い空の色が混じると、
雲が紫色に見える
雲の下から沈んだ赤い太陽の光が当たる
太陽が沈んでも高い空にはまだ光が届くのは、
地球が丸いため

夕焼け雲が赤く美しく見えるのは、沈んでいった太陽の赤い光が雲に当たっているため。西の方がよく晴れているので、この後雲は西から減っていくだろう。
(7月 19時)

空気が湿っているので、
色は濁った感じに見える
背の高い雲
雲のすき間から夕日が差し、
雲の下から当たっている
この下は雨だろう
春
夏
秋
冬
夕

夕焼け雲が濁っていると曇りか雨

その後 → 曇り 雨

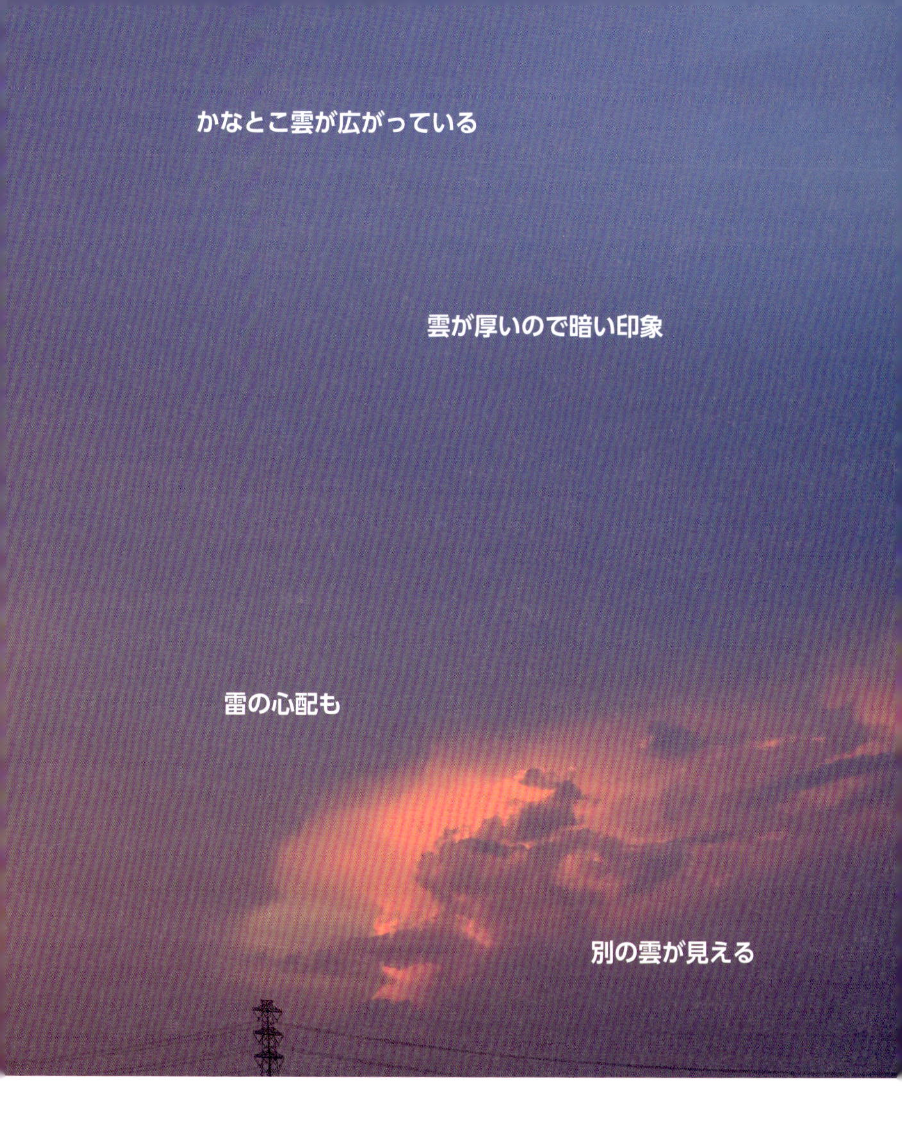
かなとこ雲が広がっている
雲が厚いので暗い印象
雷の心配も
別の雲が見える

夕日が当たっても、空気が湿っていて近くで雨も降っているため、色が濁った感じだ。雲がやってきたら急な雨や雷になるかもしれない。**(7月 19時)**

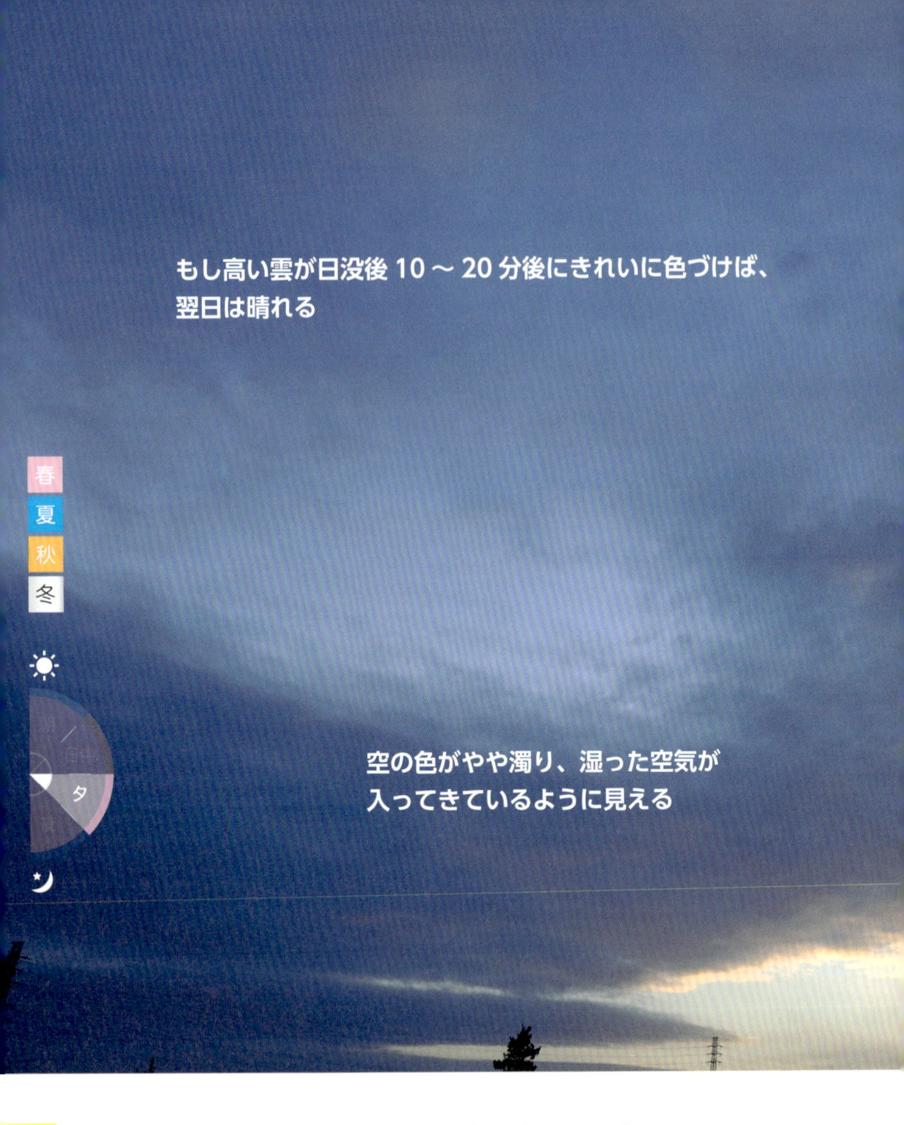
もし高い雲が日没後 10 ～ 20 分後にきれいに色づけば、
翌日は晴れる
空の色がやや濁り、湿った空気が
入ってきているように見える
春
夏
秋
冬
夕

雲が夕焼けにならないとだんだん雨に

その後
雨に

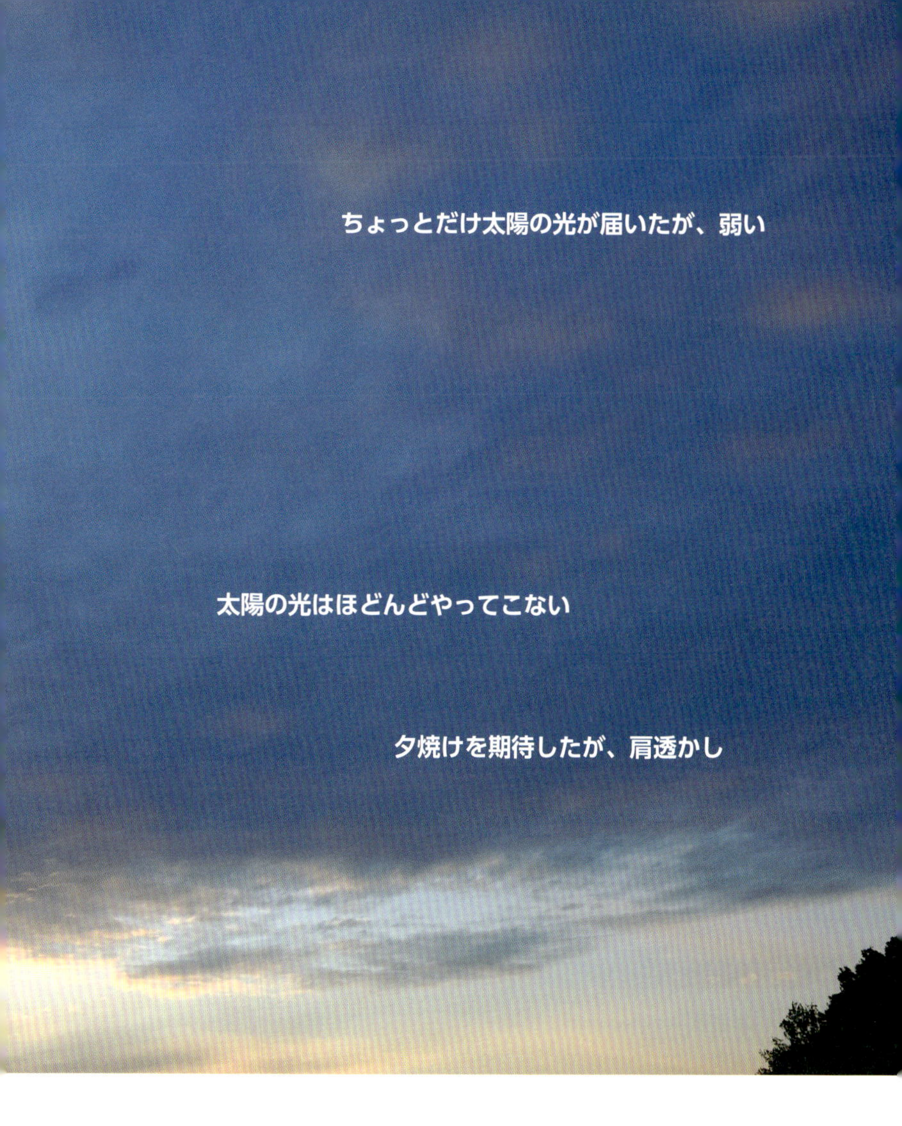
ちょっとだけ太陽の光が届いたが、弱い
太陽の光はほどんどやってこない
夕焼けを期待したが、肩透かし

太陽が沈んで夕焼けになる時刻になっても、雲がほとんど色づかないことがある。これは太陽のある西の方に雲があり、光がやってこないため。その雲がこの後こちらにやってくる。**(11月 16時)**

雲はゆっくり動き、消える
雲が黄色に輝く
春
夏
秋
冬
風が弱く晴れた朝は気温が下がっている
朝
もうすぐ朝日が出る

朝焼け雲が黄色いと晴れる

その後 →

晴れ

空の青色もきれい
高い雲だけで、その下には雲がない

朝焼け雲が黄色や金色に輝いていて、低い雲がないと、空気が澄んでいる証拠。雲はだんだん消えて、乾燥した晴天になりやすい。**(11月 6時)**

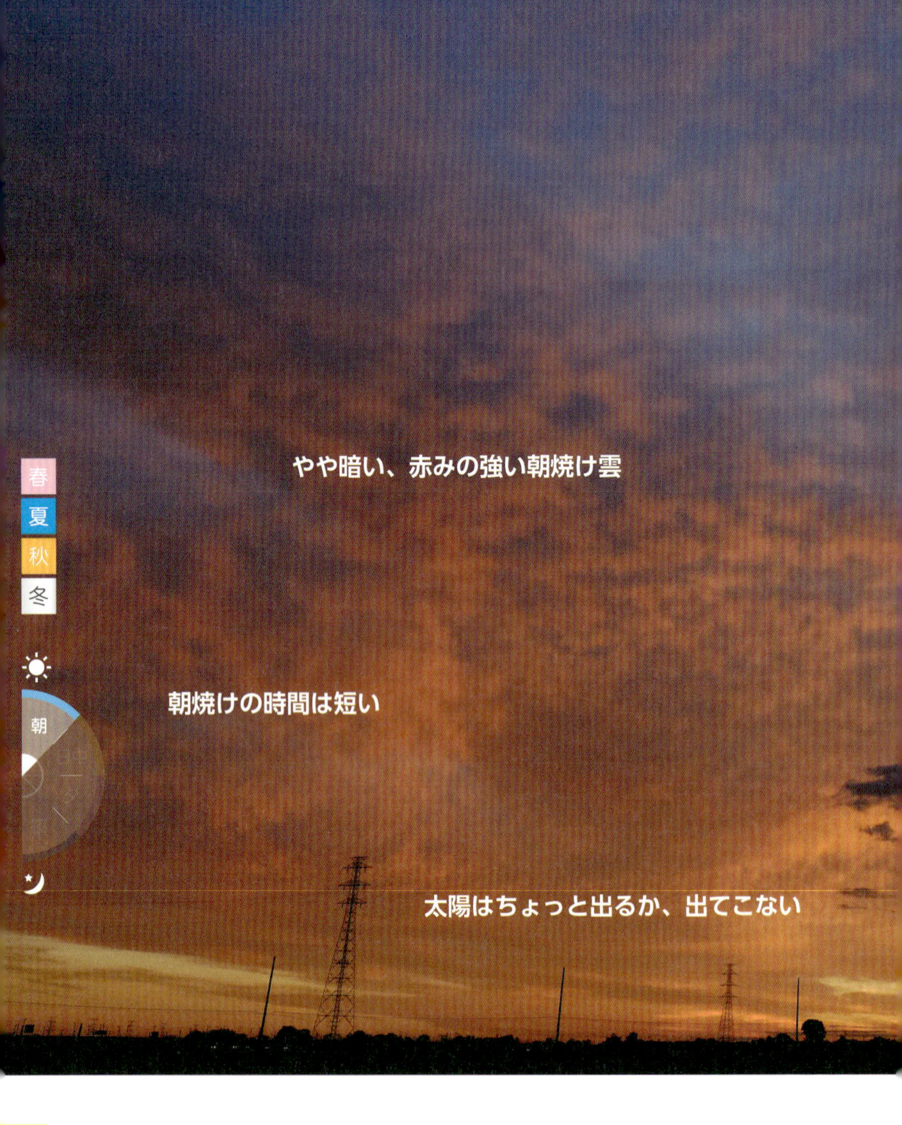
やや暗い、赤みの強い朝焼け雲
春
夏
秋
冬
朝
朝焼けの時間は短い
太陽はちょっと出るか、出てこない

朝焼け雲が濃いだいだい色だと雨が近い

その後 → 雨

雲は西から、太陽のある東へ動いている
低い雲もできてきた

朝、日の出の直前に赤みの強い、やや暗い朝焼け雲が広がっていたら、その後はだんだん雨になっていくことが多い。太陽はほとんど見られない。**(11月 6時)**

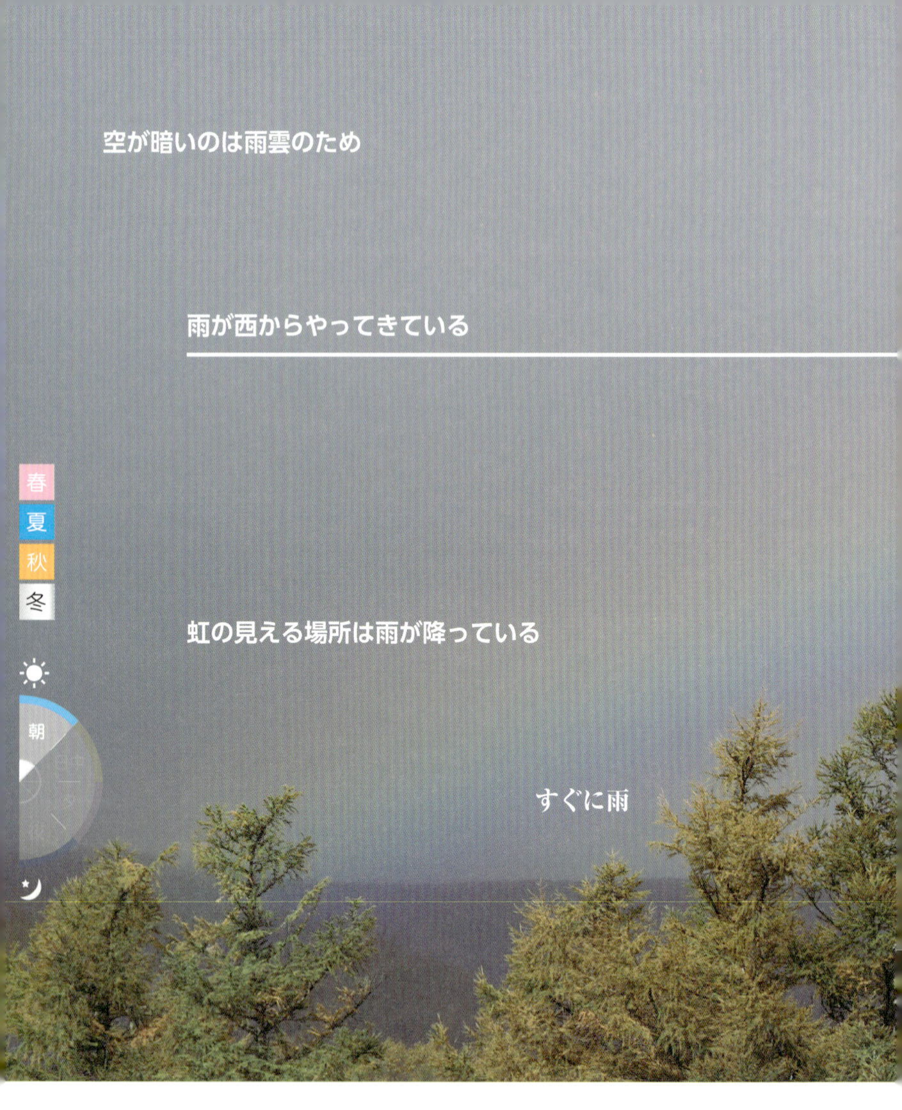
空が暗いのは雨雲のため
雨が西からやってきている
虹の見える場所は雨が降っている
すぐに雨
春
夏
秋
冬
朝

朝に虹が見えたら すぐ雨に

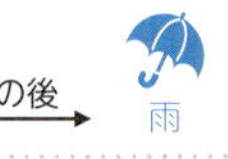
その後
雨

雨粒に太陽の光が当たり
虹ができた
東に太陽が出ている

朝、西の方に虹が見えたら、東に太陽が出ていても西側の近くまで雨がやってきているため、すぐ雨に。**(10月 8時)**

雲は東（向こう側）の方へ動く
虹の色が淡いのは、
雨粒が小さいから
遠くは雨が降っていて暗い
春
夏
秋
冬
夕

夕方に虹が見えたら晴れていく

その後 →

晴れ

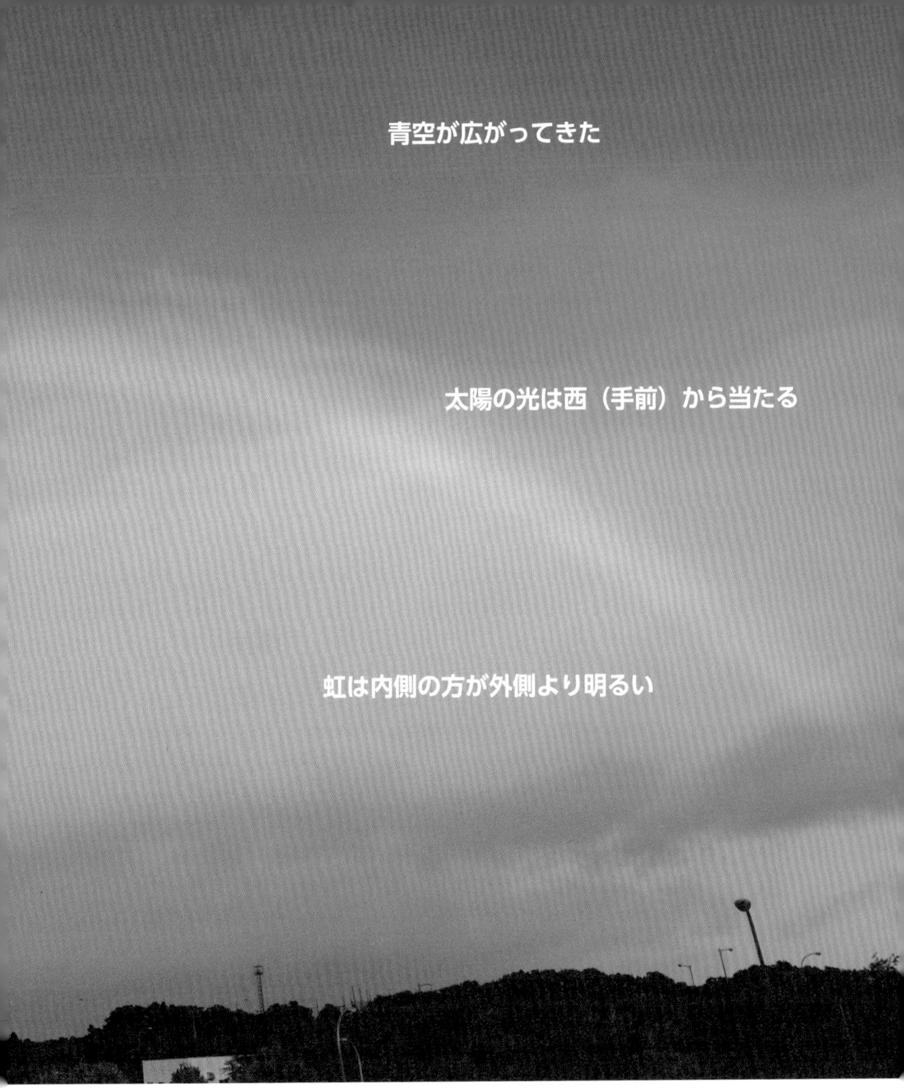

青空が広がってきた

太陽の光は西（手前）から当たる

虹は内側の方が外側より明るい

夕方は雨上がりに虹が出ることが多い。雨を降らす雲は遠ざかり、晴れ間が広がっていく。ただし、東や南から雨雲がやってくるときもある。**（8月 18時）**

青い空が少なくなる

輪は内側がやや赤っぽい

春
夏
秋
冬
朝
日中
夕
夜

低い位置に雲が増えたら雨になっていくが、
他に雲がないときは晴れていくことも

丸い日暈（ひがさ）に低い雲でだんだん雨に

その後 →

雨に

日暈はうす雲とすじ雲にできる
写真はうす雲

この角度は22度

輪の内部はちょっと暗い

太陽の光に気をつけて観察する

太陽のまわりに光の輪（日暈）ができたら、低気圧が近づいている。低い雲が増え、だんだん雨になっていくことが多い。夜は月暈。**（5月11時）**

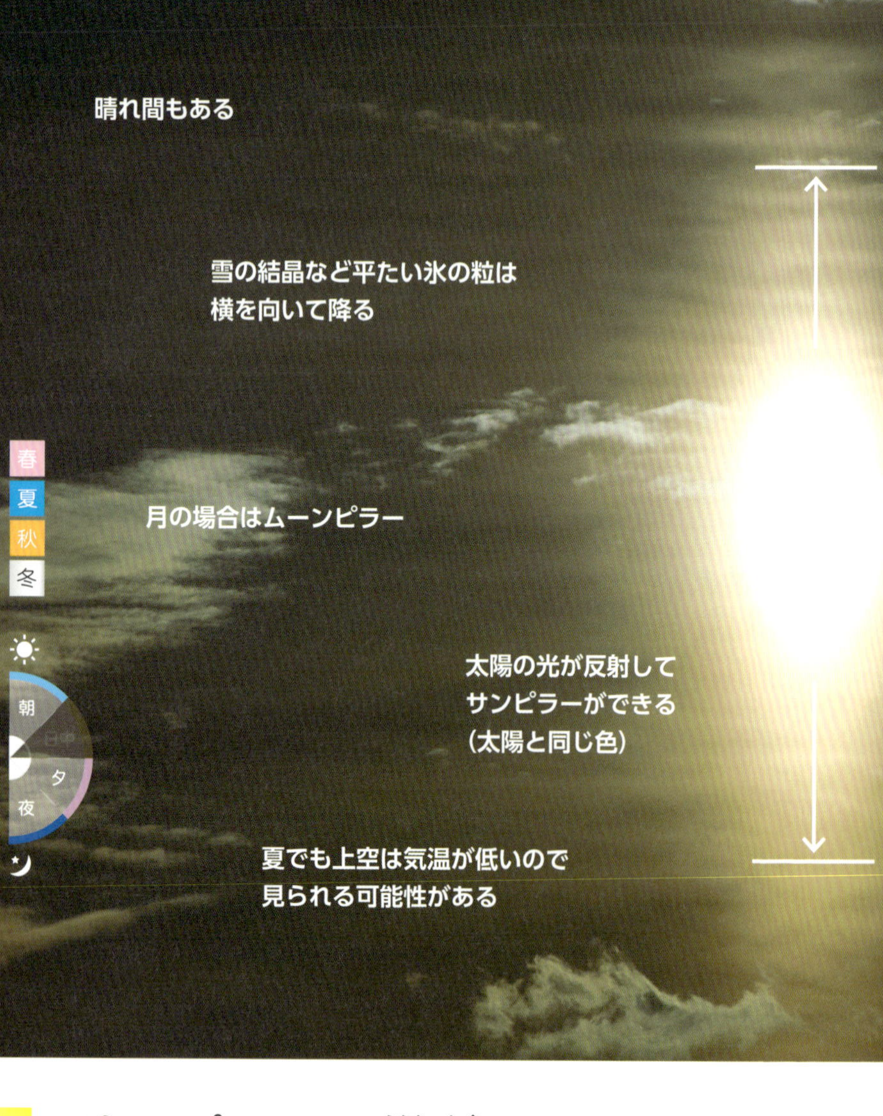
晴れ間もある
雪の結晶など平たい氷の粒は
横を向いて降る
春
夏
秋
冬
月の場合はムーンピラー
太陽の光が反射して
サンピラーができる
(太陽と同じ色)
朝
日中
夕
夜
夏でも上空は気温が低いので
見られる可能性がある

サンピラーの場所では雪が舞っている

その後

晴れ

雪

太陽が低いと上の方が長い
空気が湿っているので、
雲が広がりやすい
太陽がやや高いと下の方が多いが、
高いとできない

低いサンピラーはすぐ近くで雪が降っているが、高いサンピラーはずっと上で、雪は地上まで下りてこない。夜はムーンピラー。**(5月 6時)**

まだ晴れて良い天気

うす雲かすじ雲にできる

角度が 22 度かちょっと多い

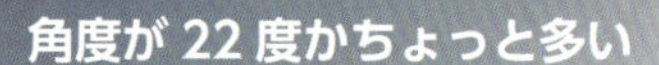

内側が赤っぽい
外側は黄から青

氷の粒の屈折で輝く

春
夏
秋
冬

朝
日中
夕
夜

幻日（げんじつ）が並んで見えると
だんだん雨に

その後

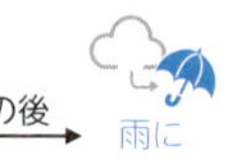

雨に

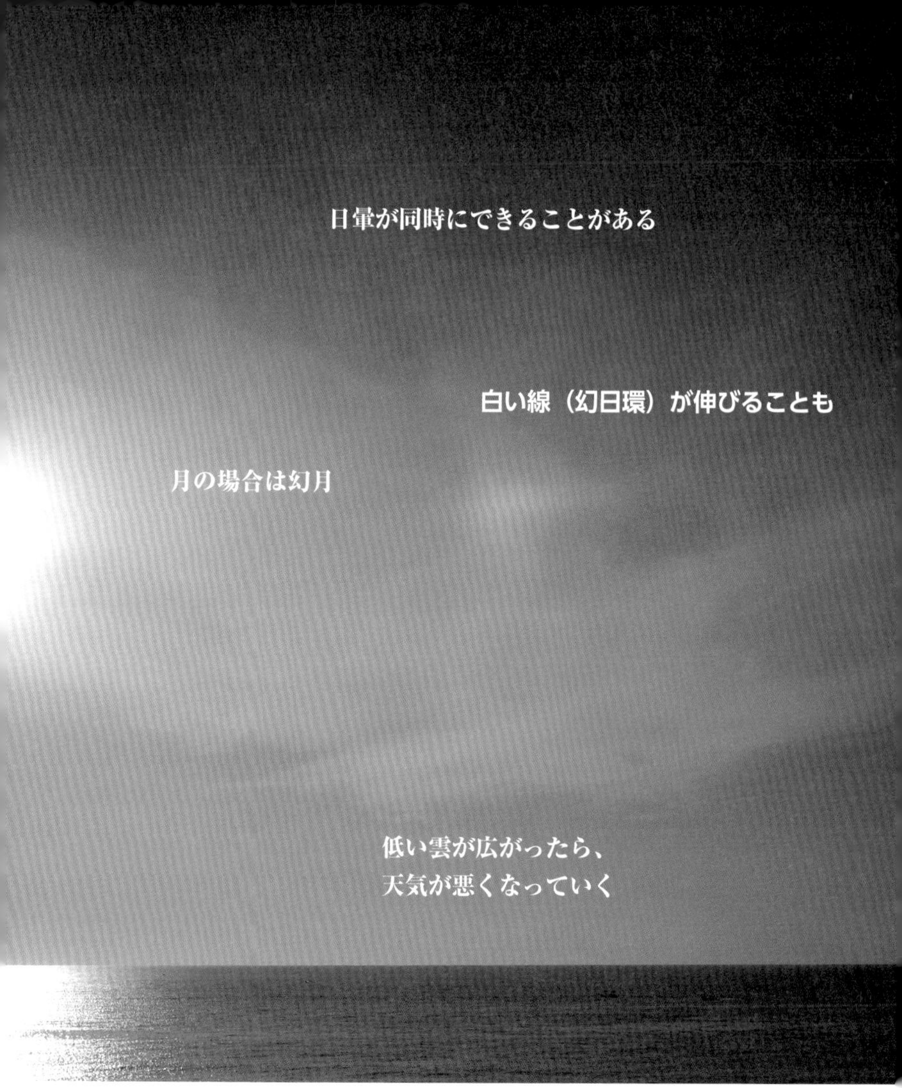

日暈が同時にできることがある

白い線（幻日環）が伸びることも

月の場合は幻月

低い雲が広がったら、
天気が悪くなっていく

太陽の左右に幻日が見られたら、この後だんだんと雲が増え、やがて雨になることが多い。低い雲ができてきたら天気が悪くなっていく。夜は幻月。**（5月 6時）**

ほぼ真上

同じような形の月
太陽が下方にある

春
夏
秋
冬

虹よりも色分かれしてきれい

朝
日中
夕
夜

太陽の光

太陽が低いときにできる

環天頂(かんてんちょう)アークが出ると だんだん雨に

その後
雨に

丸くはならず、弧の形
うす雲が増えてきた
太陽の光

環天頂アークは朝と夕方、天頂に近い位置でうす雲などで太陽の光が屈折してできる。うす雲が広がるときは低気圧が近づいていることが多い。**(5月 17時)**

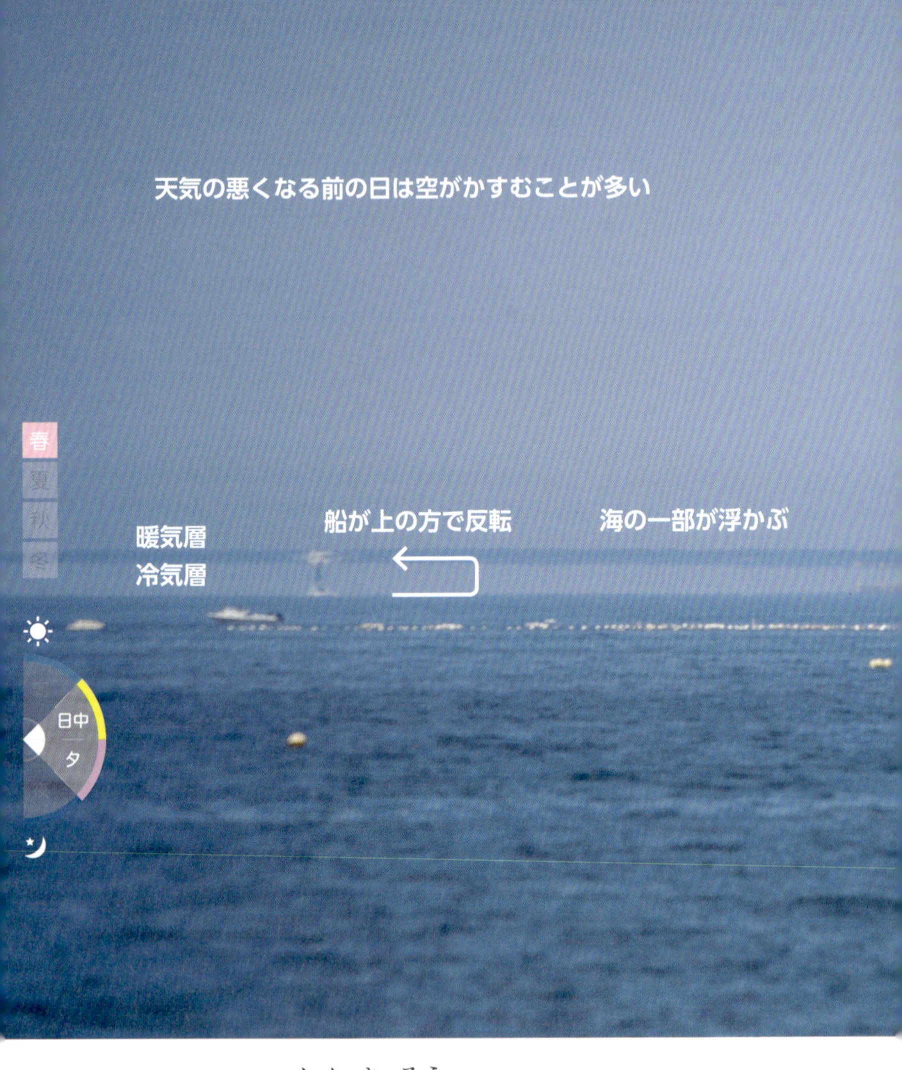
天気の悪くなる前の日は空がかすむことが多い
船が上の方で反転
海の一部が浮かぶ
暖気層
冷気層
春
夏
秋
冬
日中
夕

上方への蜃気楼（しんきろう）が見えると だんだん雨に

その後

雨に

写真は富山湾。琵琶湖、石狩湾、オホーツク海沿岸、
大阪湾、九十九里浜、猪苗代湖など、各地で上位蜃気楼が
春などに起こっている

防波堤が伸び、海が上がっている

冷たい空気の上に暖かい空気が乗って、物体が上の方に伸びたり反転したりする上位蜃気楼。天気が悪くなる前の日に見られることが多い。富山県では春に見られる。**（5月 12時）**

冷たい空気が流れている

空が下に映り込み、
浮島現象という

冷気層

暖気層

水は冬になっても空気ほど冷えない

春
夏
秋
冬

朝
日中
夕
夜

下方への蜃気楼（しんきろう）は寒い日にでき晴れ続く

その後

晴れ

全国的に水の上で起こる

朝の逆光で見やすいが、
一日中起こっている

ボートが鏡に映ったように
下側にも

見かけの水平線が下がって見える

比較的暖かい海や湖の上に、冬の冷たい空気がやってくると、遠くの景色や船が水平線から浮かんで見える下位蜃気楼。冬晴れのときに多い。**(12月 7時)**

大きな高気圧に覆われている
空に向かって露出しているものに露がつきやすい
風がほとんどない
春
夏
秋
冬
朝

朝露が付いていたら晴れ続く

その後

晴れ

雲がないので、熱が逃げた
空気中の水蒸気が飽和して付いた
水滴は表面張力で丸くなる
太陽が出て気温が上がり、
乾燥した晴天に

朝に露がたくさん付いているときは、風の弱い晴れた空で冷え込んだ証拠。高気圧に覆われていて、晴れが続きそう。**（6月 6時）**

月の色が変わるのは、空気分子による散乱のため
もやや雲があると月は見えなくなる
赤色
春
夏
秋
冬
夜

赤い月の出が見えたら晴れ続く

その後
晴れ

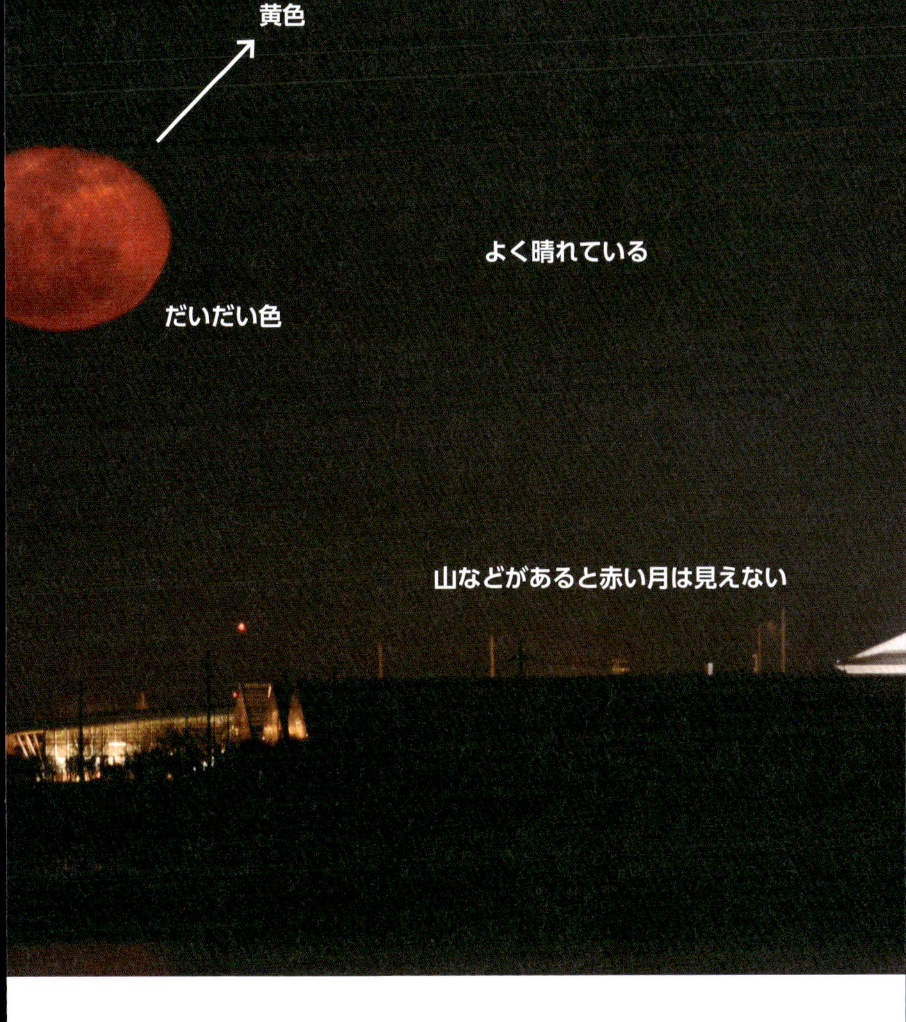
黄色
よく晴れている
だいだい色
山などがあると赤い月は見えない

地平線近くに赤い月が見えたら、ずっと遠くまで雲がない状態。空気は乾燥して澄んでいる。晴れが続くだろう。**(2月 20時)**

太陽
太陽が低いときにできやすい
下りる光芒は「天使のはしご」ともいう
春
夏
秋
冬
朝
日中
夕
夜

光芒(こうぼう)が広がったら曇りか雨に

その後

曇り

雨

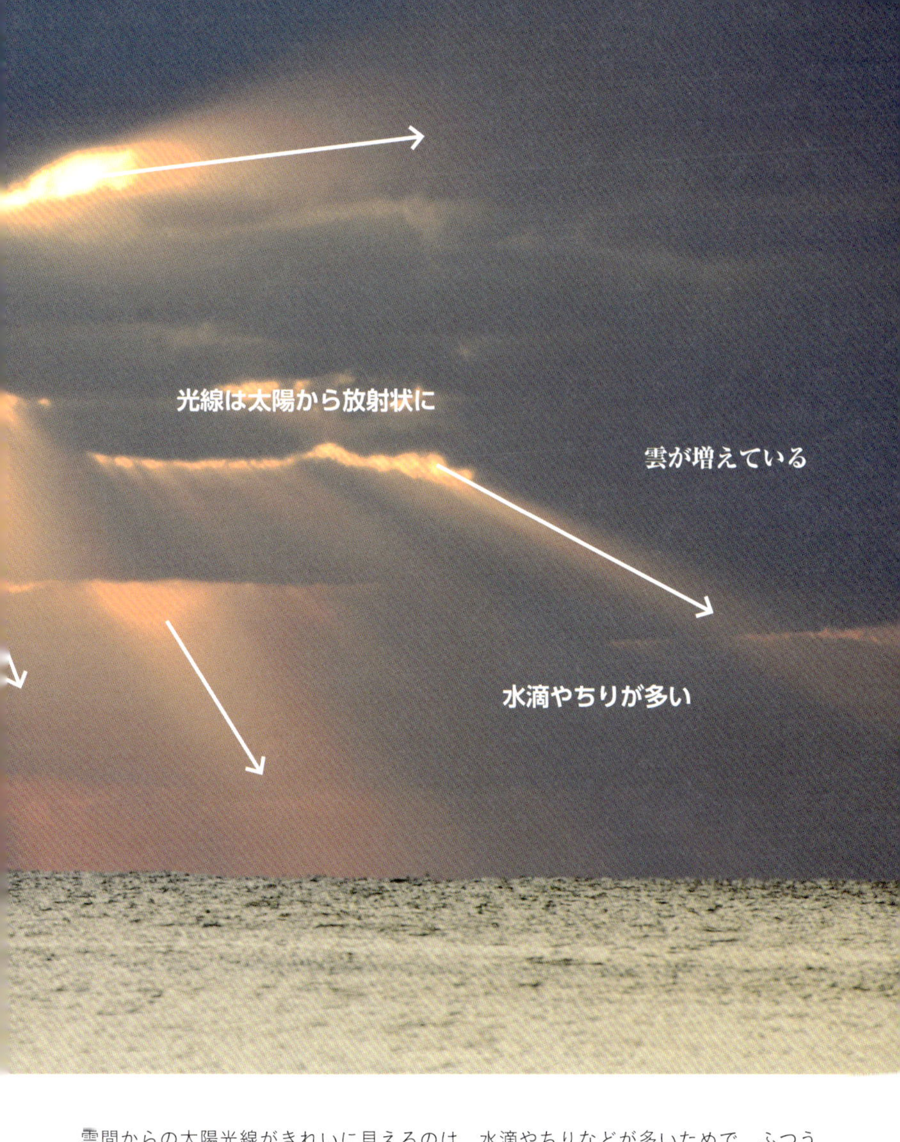
光線は太陽から放射状に
雲が増えている
水滴やちりが多い

雲間からの太陽光線がきれいに見えるのは、水滴やちりなどが多いためで、ふつうは湿度が高い。雲ができやすく、雨になる可能性もある。(12月 18時)

高い雲が広がっている
月が見えている
暗い部分は雲の影
春
夏
秋
冬
朝
日中
夕

雲の影が朝夕に伸びたら遠くに積乱雲

その後

晴れ
曇り

雨

風

ここはよく晴れている
別の雲の影
大きな雲がこちらに来るか確認したい
かなとこ雲
雲の影が空に
太陽が沈んだばかり

空を割るように雲の影があったら、夕日の方に大きなかなとこ雲があり、これが近づくと雷雨になって、風も起こりやすい。台風が近づくときにも見られる。
（9月 18時）

風から天気を予想する

流れる高い雲
旗雲
レンズ雲
風の上昇

第3章

風は空気の温度の違いによってできます。地球全体では、赤道付近と極付近の大きな温度差で偏西風などが、大陸と海の温度差から季節風が生まれます。また、日中に暖まった陸地には海から風が吹きます。こうした風は、雲の動きでわかります。一般に、雲がどんどん流れると天気が悪くなります。いつもと違う風は雲の形にも表れ、漏斗雲が下がると竜巻になります。また、星のまたたきや海の波などから、遠くの風を察知することもできます。強風が土ぼこりや砂を舞い上げると、空が濁ります。

波状雲
星のまたたき
笠雲
流れる低い雲

夏と冬の季節風が日本の天気に大きく影響する
数日間続くことが多い
春
夏
秋
冬
朝
日中
夕
夜
山の向こうは雨や雪
山の手前はよく晴れている

季節風が吹いているときは山で天気分かれる

その後 → 晴れ 雨 雪

夏は太平洋高気圧、冬はシベリア高気圧の勢力で、
高い空には雲ができにくい
冬の雲は低いが、夏の雲は成長すると高くなる

海からやってくる湿った季節風は、山の風上で雨や雪、風下で晴れた天気になる。夏は日本海側が、冬は太平洋側が晴れやすい。**（2月 10時）**

台風の場合は高い空にも雲が出やすい

流れる雲の形はいびつだ

雲が大きく灰色になってきたら雨が近い

春
夏
秋
冬

朝
日中
夕
夜

南風が強く吹くと だんだん雨に

その後

雨に

日本海側は南風で晴れる傾向にある

わた雲が次々と南から北へ

夜のわた雲は特に気を付けたい
ふつうわた雲は昼間にできる

まず通り雨、のちにまとまった雨

暖かい湿った南風とともに低い雲が次々とやってくると、低気圧や台風接近で雨が近い。雲が大きく灰色になってきたら雨が降る。**（9月 9時）**

高い空の雲が見えないが、
暗くなったらこの上の雲から雨の心配が
春
夏
秋
冬
朝
日中
夕
夜
関東や東北では東風は冷たく、
うね雲が広がりやすい

東風が冷たく吹くと曇りか雨

その後 →

曇り

雨

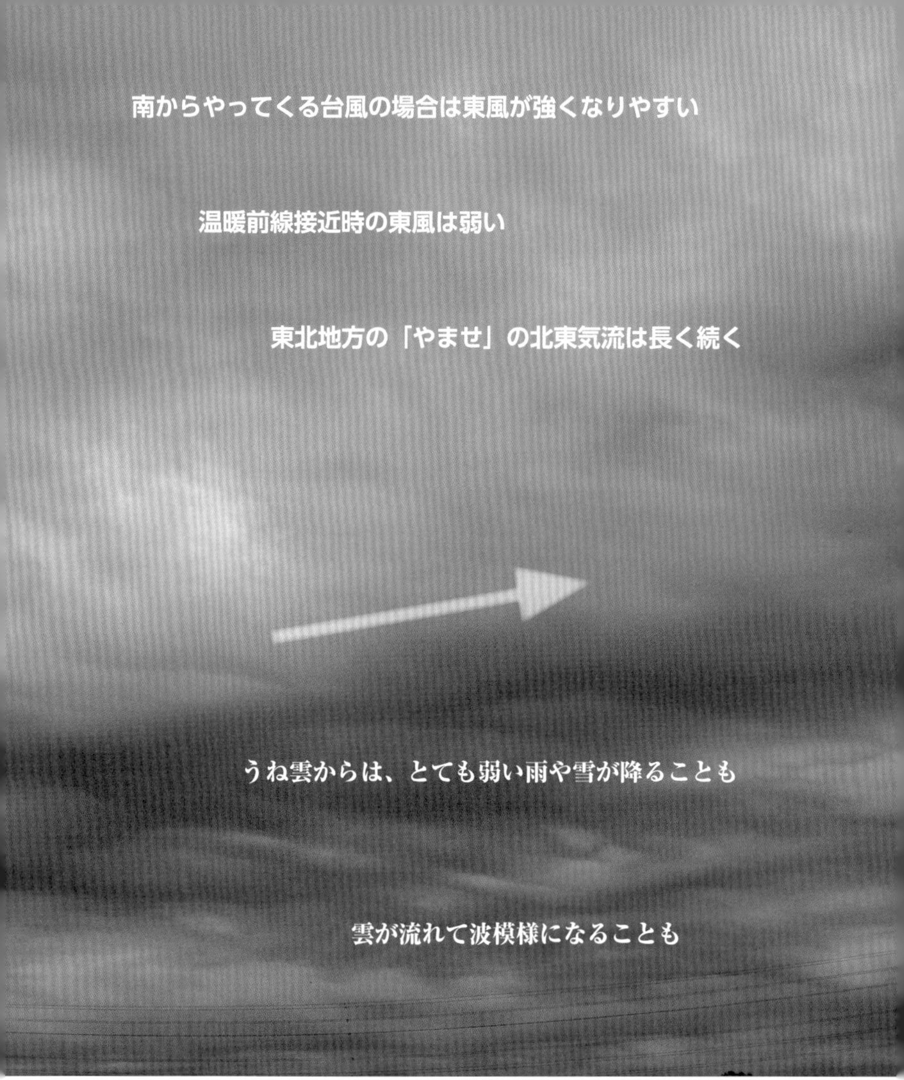

南からやってくる台風の場合は東風が強くなりやすい

温暖前線接近時の東風は弱い

東北地方の「やませ」の北東気流は長く続く

うね雲からは、とても弱い雨や雪が降ることも

雲が流れて波模様になることも

低気圧や台風が近づくときや、太平洋側で海から風が吹くときは東風。気温が下がり、雨が降ったり、曇りが続いたりする。(10月 6時)

乾燥し、澄んだ青空
雲は西風で流れて消えていく
春
夏
秋
冬
朝
日中
夕
夜

西風が山を越えてくると
乾いた晴れ

その後

晴れ

日本海側では、西風は海から吹くため雲が広がることが多い

わた雲がちぎれ雲となった

山の方から雲が流れてくる

太平洋側での西風は山を越えた乾いた風になる。雲は消えていき、晴れる。フェーン現象となって気温が上がることも。日本海側では雲が多く、雨や雪になることもある。**(11月 15時)**

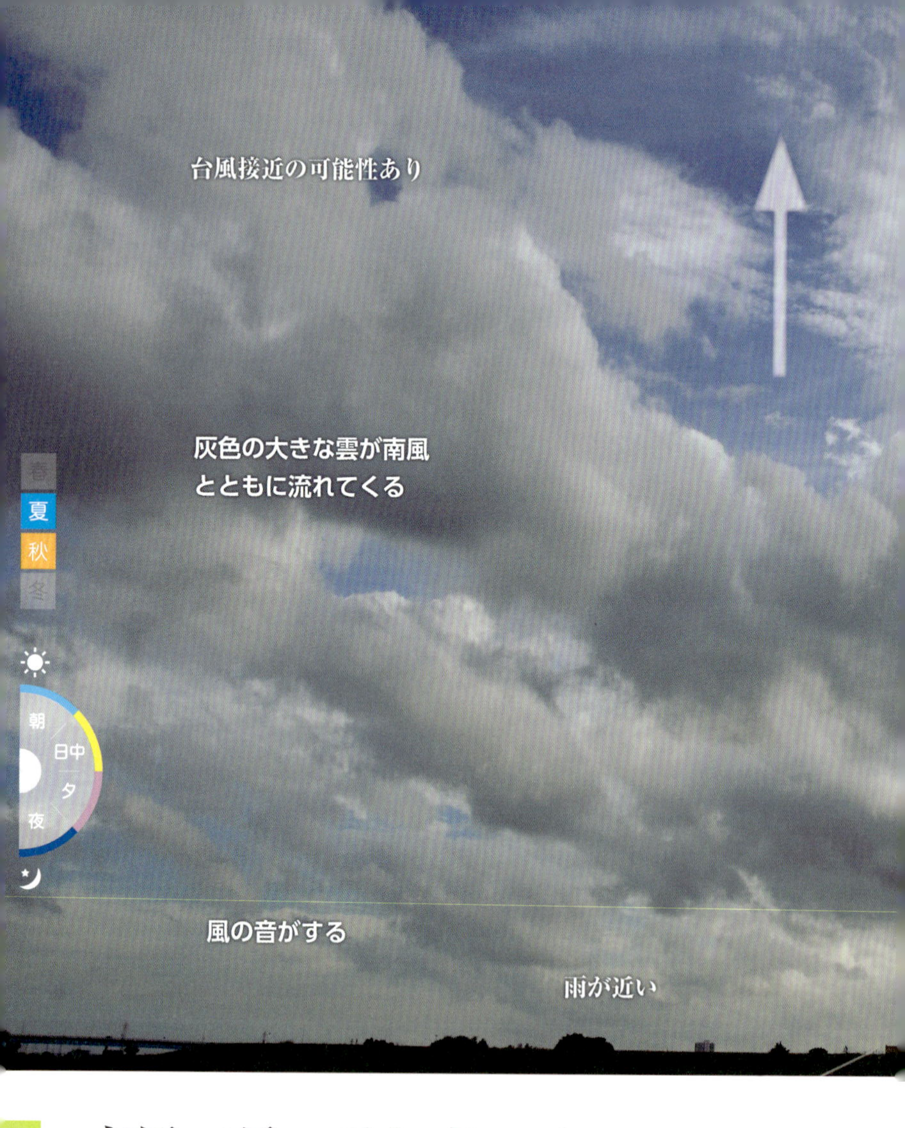
台風接近の可能性あり
灰色の大きな雲が南風
とともに流れてくる
風の音がする
雨が近い
春
夏
秋
冬
朝
日中
夕
夜

南風で低い雲と高い雲は強い雨に

その後

雨に

高い空にも雲が流れる
湿った空気を感じる
レンズ状の雲も見える
風が強い

強い南風ととともに灰色の低い雲がどんどん流れてきたら、急に強い雨になる可能性がある。高い空にも別の雲が流れていたら要注意。**(9月 8時)**

灰色の大きな雲になると雨が降ってくる

上昇した空気は冷えて雲の粒をつくる

湿った空気は冷えて雲になりやすい

春
夏
秋
冬

朝
日中
夕
夜

湿った風が山を上ると雲が湧いて雨

その後 → 雨

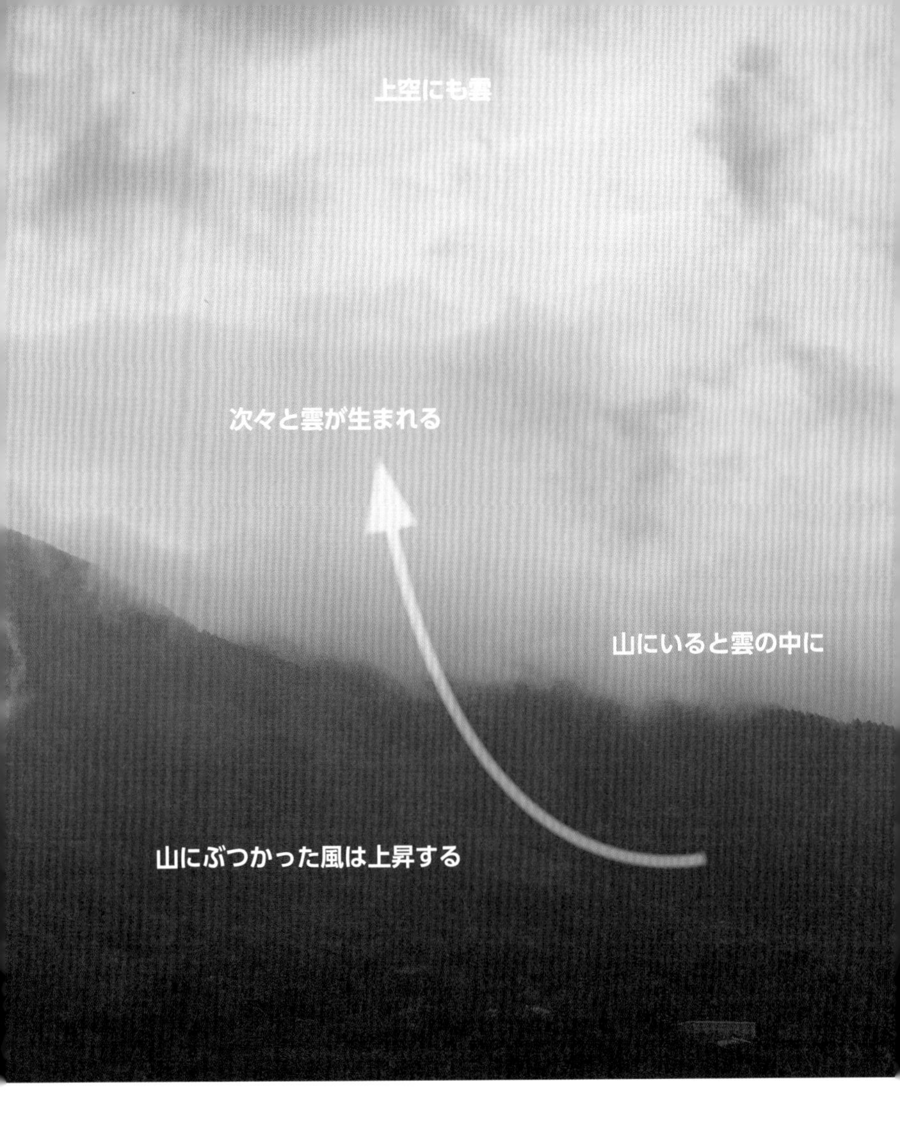
上空にも雲
次々と雲が生まれる
山にいると雲の中に
山にぶつかった風は上昇する

風が山にぶつかると、上昇気流が起こって雲が湧く。これが灰色の高い雲になると雨が降る。山の近くは雨が降りやすい。**(8月 8時)**

高い雲は右下から左上へ
上と下の雲が近づくと雨に
低い雲がどんどん増えると雨が近い
春
夏
秋
冬
朝
日中
夕
夜

風が山の上と下で違うと
だんだん雨に

その後

雨に

高い空の雲が増えたら用心
まだ青空があるので、
すぐには崩れない
低い雲は左から右へ

山のふもとの低い雲と上空の高い雲の動きが違うと、天気が悪くなって雨になることが多い。低気圧が近づくときなどにこうした現象が起こりやすい。**(9月 18時)**

金星などの惑星はまたたかない
（恒星が点状に見えるのに対して、面積がある）
春
夏
秋
冬
夜明けの時刻に向けて
気温がどんどん下がる
夜
霧ができるかもしれない
風がなく波が立たない

低い星がよくまたたくと冷えて晴れか霧

その後

晴れ
曇り

高い空の星はあまりまたたかない

空気が乾燥していると、地面の
熱は赤外線となって逃げやすい

低空の星がよくまたたく

星が映っている

低い空の星がよくまたたくのは、冷たい空気が山を下りてたまってきたため。気温が下がり、晴れたままか、霧ができる。(12月 5時)

まだ雲がないので、半日以上は心配ない
ずっと高い空には太陽の光が当たり、
青くなってきた（目だと白く感じる）
春
夏
秋
冬
山の天気は変わりやすいので
雲や風の変化に注意したい
夜
乾燥した晴れた夜は朝に近づくにつれて冷える

高い星がよくまたたくと だんだん雨に

その後 → 雨に

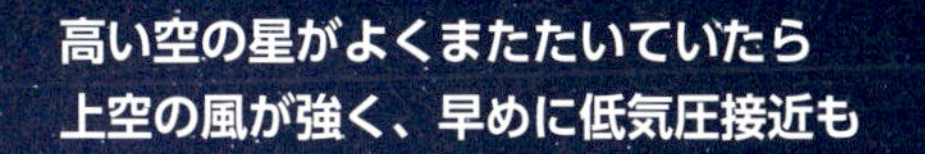
高い空の星がよくまたたいていたら
上空の風が強く、早めに低気圧接近も
上空が西風
日の出を見るために富士山に登る登山者たち
きれいな日の出が見られそう

山の上の高い星がよくまたたいていたら、その後に低気圧がやってきて雨になる可能性がある。ただし、雲が増えてからなので半日は問題ないだろう。
（7月 4時）

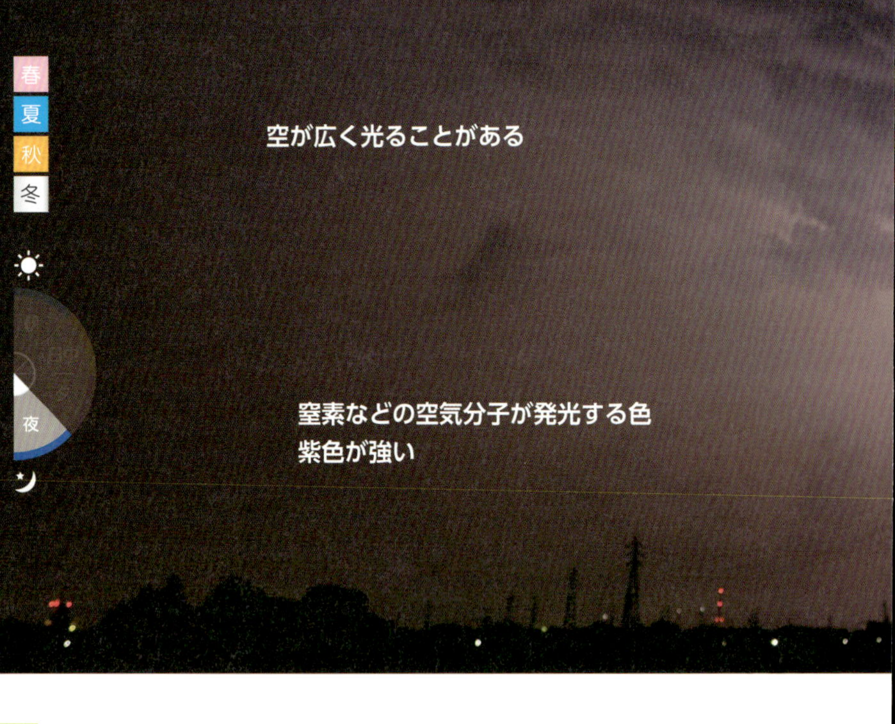
春
夏
秋
冬
夜
空が広く光ることがある
窒素などの空気分子が発光する色
紫色が強い

雷の光と音が近いと 雷雨と風

その後

雨

風

雷が光ったときだけ雲の姿がわかる
雷が近いとすぐに音が聞こえる
雷の光が見えてから音が聞こえる

雷が光ってから音がするまで、１kmの距離があれば約３秒間かかる。この時間の間隔で距離がわかる。短くなると雷が接近している証拠。**（７月 ０時）**

うねりは大きな波長なので、
遠くまで届く
数十回に１回程度、とても
大きな波がやってくる
海水浴場は遊泳禁止になる
春
夏
秋
冬
朝
日中
夕
夜

海のうねりは台風などからで だんだん雨や風に

その後 → 雨に 風

音と水しぶきが激しい
ここに虹ができることも
大きなうねりが海岸へ届くと、
大きな波になって襲う
日本海側は冬の季節風でも起こる

晴れていても海のうねりが大きいのは、海の向こうに台風か発達した低気圧があるため。冬の日本海も季節風によるうねりがある。台風の後にもできる。
(10月 13時)

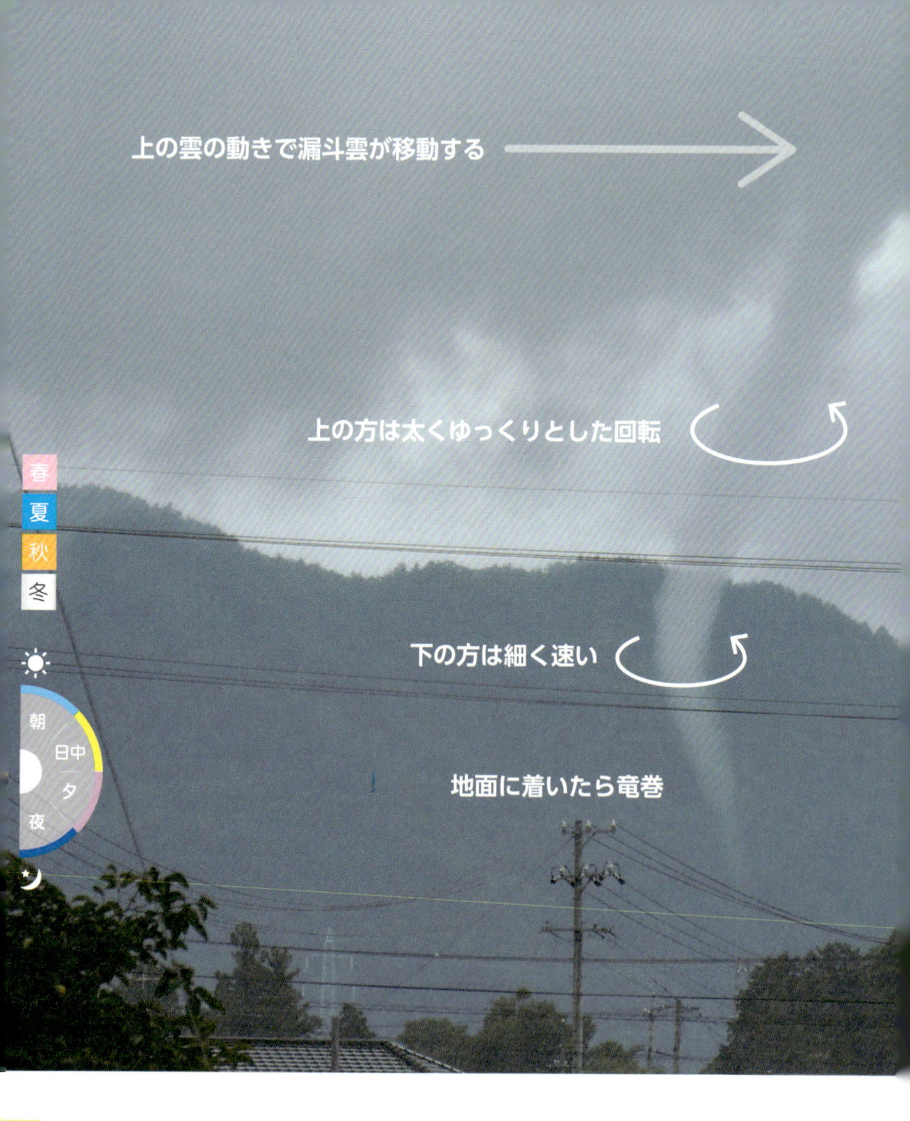
上の雲の動きで漏斗雲が移動する
上の方は太くゆっくりとした回転
下の方は細く速い
地面に着いたら竜巻
春
夏
秋
冬
朝
日中
夕
夜

漏斗雲が地面に下りたら竜巻

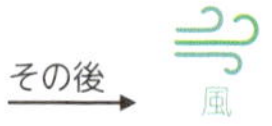
その後
風

上の雲の中に大きくゆっくりとした渦が見えることも

竜巻が近づくと急に突風が吹く

上昇気流でモノが吸い上げられる

雲から漏斗状の雲が垂れてきて、地面に着くと竜巻になる。漏斗雲といい、これが見えたらすぐに安全な場所に避難したい。**(9月 13時)**

空が見えなくなって、天気がわからないと
「煙霧」という

視程が悪くなり、交通の危険がある

春
夏
秋
冬

日中

冬から春は畑や荒地に草が少ない
強風のため、乾燥した畑で土ぼこりが立つ

土ぼこりが広がると晴れて風強い

その後

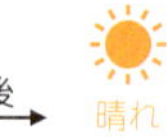
晴れ

風

黄砂の場合は、空全体が黄色くなる

土ぼこりは空に舞い上がり、
遠くまで流れる

太陽からの強い日射で地面が暖まる

冬の終わりから春にかけて、昼間に強い風が吹いて土ぼこりが舞い上がり、空が見えなくなることがある。日差しが強くなった２〜５月は、空に舞い上がりやすい。
（2月 12時）

季節から天気を予想する

濁った青空
湿った青空
暑さで湧く積乱雲
暖かさでできる積雲
〈春〉
〈夏〉

第4章

日本は四季がはっきりしているので、季節ごとに特徴的な空の現象が見られます。夏の積乱雲、秋の青空、冬の雪、春の花粉や黄砂などが有名です。また、低気圧とともにやってくる温暖前線や寒冷前線には特徴的な雲と天気の変化があり、台風は風が渦となって巨大な雲のかたまりをつくります。春などはPM2.5で空が濁り、季節の風向きで火山灰がしばしば飛来する場所もあります。雲、光、風の章で見られたさまざまなできごとを季節に絡めると、地域特有の天気だったり、新たな観天望気の知見が生まれることでしょう。

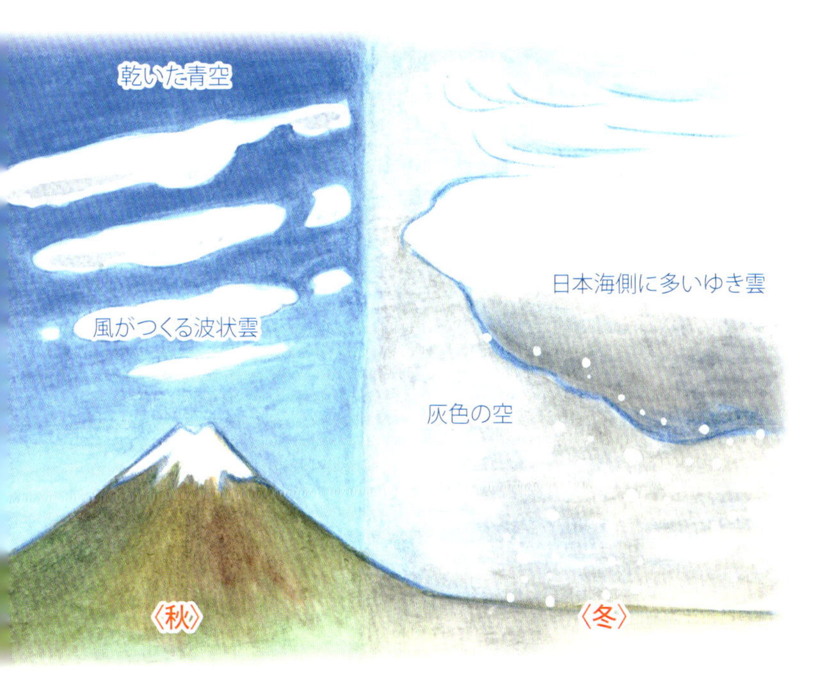
乾いた青空
風がつくる波状雲
〈秋〉
日本海側に多いゆき雲
灰色の空
〈冬〉

上空に寒気があると、
雲は高く発達する

上昇気流中の水蒸気が冷えて
できた、たくさんの水滴が雲

春
夏
秋
冬

朝
日中
夕
夜

雲ができる高さはだいたい同じ

春：地面が暖まり雲湧きやすい

わた雲はあちこちにできる
水蒸気と、ほこりやちりが
多いと雲ができやすい
日差しで地面が暖まる

春は気温がまだ低いが、日差しは強くなって地面が暖まり、上昇気流によるわた雲ができやすい。にゅうどう雲になることも。**（3月 15時）**

晴れて暑くなると雲が湧きやすい
上の方は氷の粒になり
雷を起こす原因に
20分程度で大きく成長する
まわりには晴れ間も
下の方は水の粒で、
大粒の雨の原因に
春
夏
秋
冬
朝
日中
夕
夜

夏：湿った南風で雷雨も

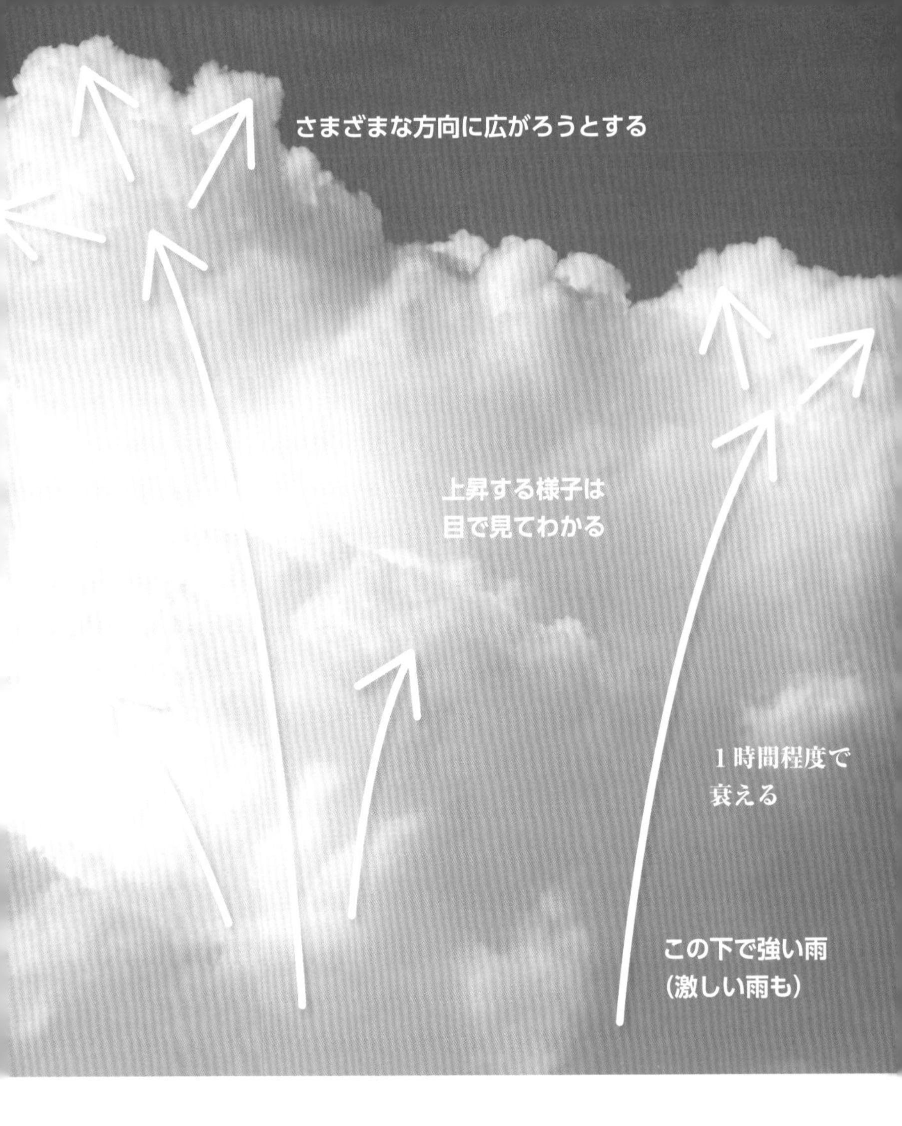
さまざまな方向に広がろうとする
上昇する様子は
目で見てわかる
1時間程度で
衰える
この下で強い雨
（激しい雨も）

暖かい湿った南風は大きく上昇する雲をつくり、こぶのような形で広がっていく。
雲の下で強い雨になり、雷の発生も。**（7月 17時）**

上空の西風が強いと
低気圧や移動性高気圧がやってくる
わた雲はゆっくり流れ、
あまり成長しない
春
夏
秋
冬
朝
日中
夕
夜

秋：天気の変化と澄んだ晴れ

高い空にも雲ができやすい
空気が乾燥し
透明感のある青空
日差しが弱くなり、
夜は長くなる
昼間暖かくても
朝晩は冷える

秋は、上空の風によって晴れや雨が交互に変わりやすい。乾燥した澄んだ青空も多い。台風のシーズンでもある。**(11月 11時)**

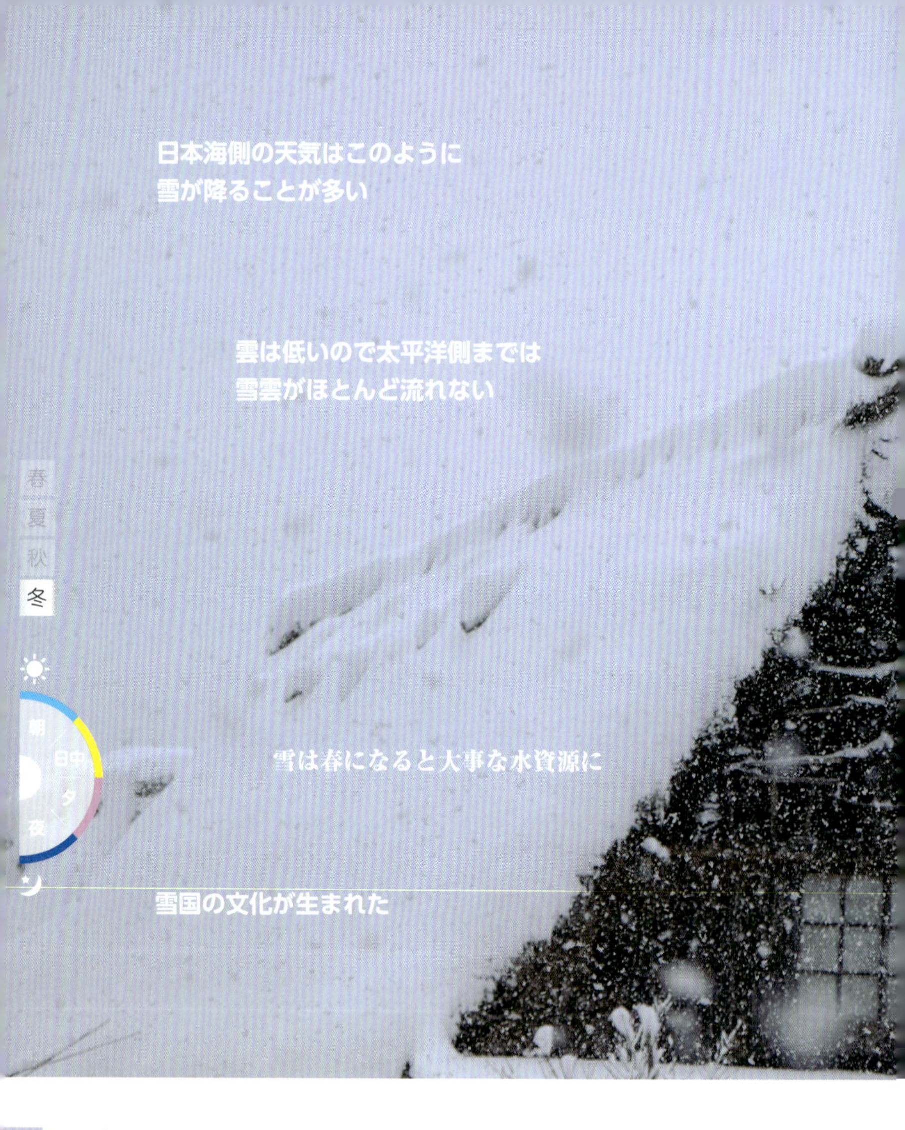
日本海側の天気はこのように
雪が降ることが多い
雲は低いので太平洋側までは
雪雲がほとんど流れない
雪は春になると大事な水資源に
雪国の文化が生まれた
春
夏
秋
冬
朝
日中
夕
夜

冬：日本海側と太平洋側で違う天気

日本海の水蒸気が雲をつくり
雪を降らす
気温2℃が雨と雪のだいたいの境目

大陸からの季節風のため、日本海側で雪、太平洋側で乾燥した晴天の日が多いが、まれに低気圧が通ると各地で雨や雪も。**(2月 13時)**

台風から高い空に吹き出した風によって
高い空にすじ雲が広がる
春
夏
秋
冬
灰色のにゅうどう雲が次々とやってくる
朝
日中
夕
夜
急に降る雨に注意

台風：すじ雲と灰色のにゅうどう雲

←すじ雲の向きに台風がある
レンズ雲は風が強い証拠
晴れ間がなくなる
にゅうどう雲は並んでいて、
その軌道で雨が降り続く
空気は湿っている

台風が近づくと、まず高い空に台風から吹き出したすじ雲がたくさん現れる。そして灰色のにゅうどう雲がやってきて、風雨が強くなる。**(8月 18時)**

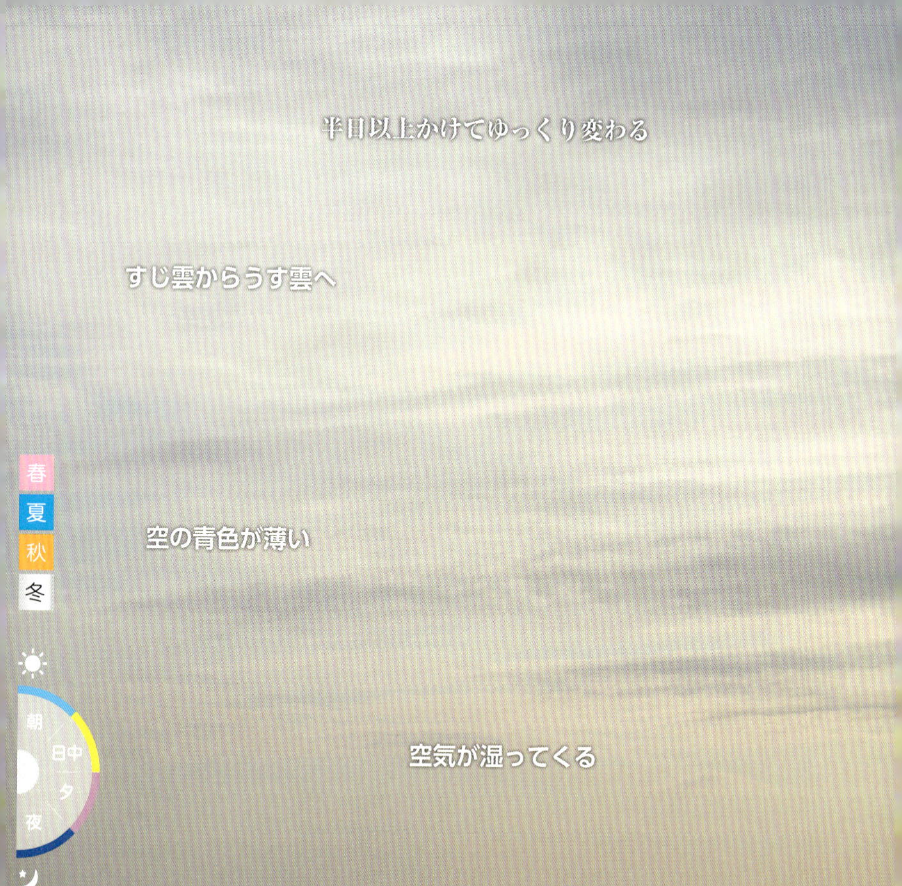
半日以上かけてゆっくり変わる
すじ雲からうす雲へ
春
夏
秋
冬
空の青色が薄い
朝
日中
夕
夜
空気が湿ってくる

温暖前線：雲が増えてしとしと雨

太陽はだんだん見えなくなる

うろこ雲からひつじ雲へ

おぼろ雲があま雲になると雨になる

温暖前線が接近してくるときは、高い空に雲が広がり、中くらいの高さ、低い高さの雲が順にやってきて、しとしと雨が長く続くことが多い。**（2月 9時）**

寒冷前線が来るまでは晴れている
春
夏
秋
冬
雲に向かって風が吹く
朝
日中
夕
夜
海や山は特に危険

寒冷前線：積乱雲が並びにわか雨

積乱雲（にゅうどう雲）が並ぶ

雷が起こることも

竜巻が発生することも

急な強い雨（にわか雨）

雨の時間は短い

寒冷前線には積乱雲（にゅうどう雲）がたくさん並んでいる。晴れた空が急に暗くなり、急に強い雨が降り、雷が起こることもある。寒冷前線の通過後は風向きが変わり、気温が下がる。**(5月 14時)**

（台風の目も同じよう）
１つの雲の寿命は１～２時間
雲がこの向きに移動する
激しい雨
また激しい雨
春
夏
秋
冬

豪雨：積乱雲が次々湧く

他の場所では晴れている
雲を動かす風がある
後ろ側で雲が発生する

積乱雲（にゅうどう雲）がたくさん並んでいる。並ぶ向きに動いて、同じ場所で強い雨（激しい雨）が降り続く。豪雨となって災害が発生することも。**（8月 17時）**

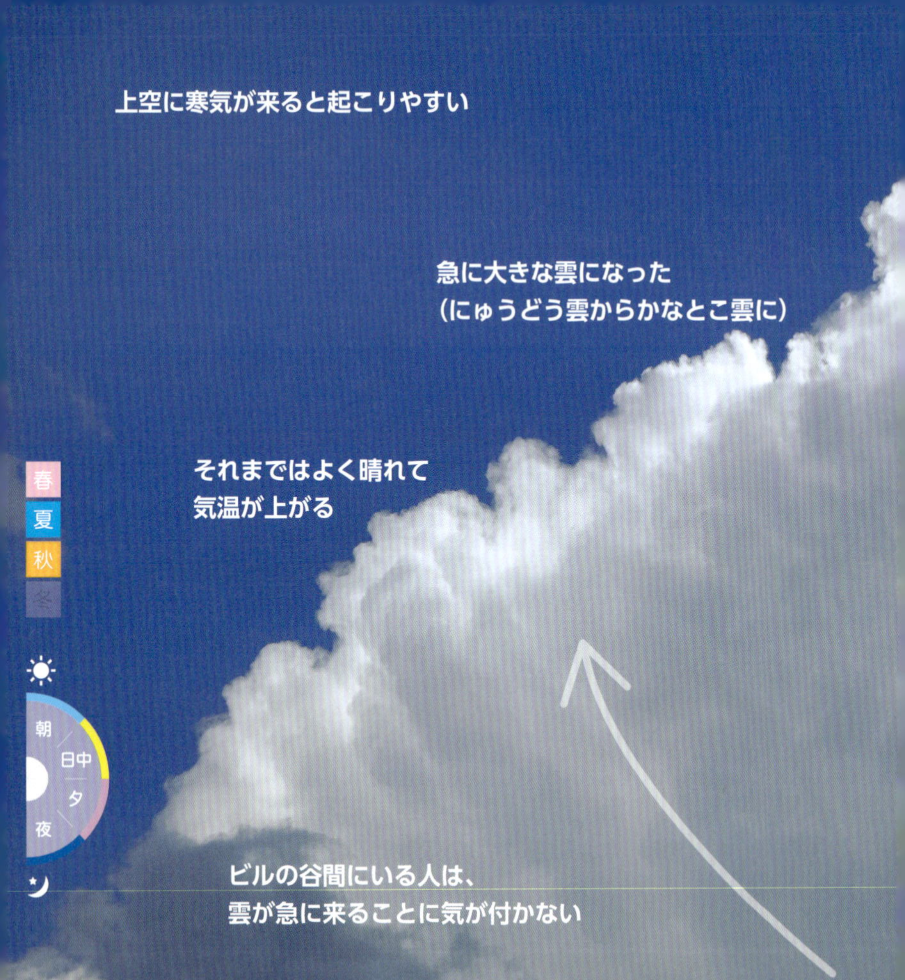
上空に寒気が来ると起こりやすい
急に大きな雲になった
(にゅうどう雲からかなとこ雲に)
それまではよく晴れて
気温が上がる
春
夏
秋
冬
朝
日中
夕
夜
ビルの谷間にいる人は、
雲が急に来ることに気が付かない
東京などの大都市はまわりよりも気温が高い

ゲリラ雷雨：大都市で急に発達する積乱雲

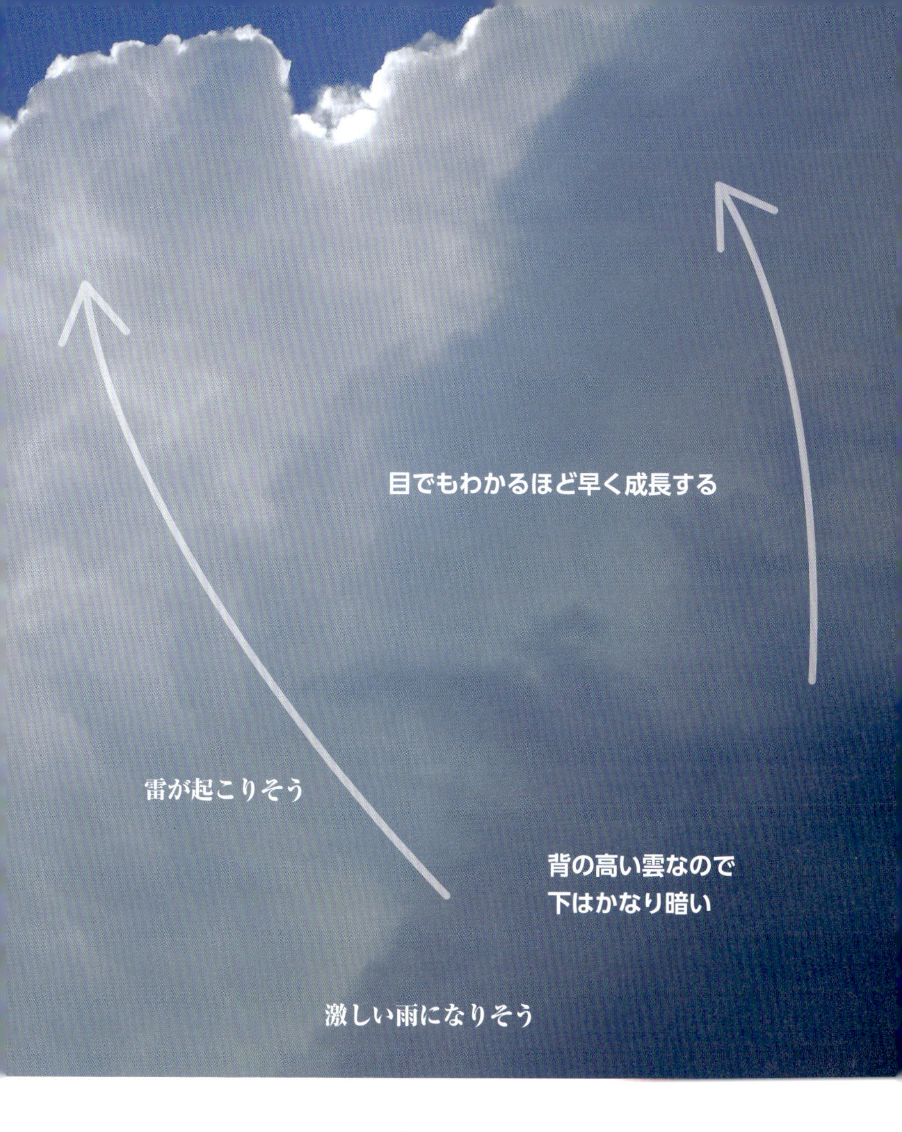
目でもわかるほど早く成長する
雷が起こりそう
背の高い雲なので
下はかなり暗い
激しい雨になりそう

東京などの大都市では、昼間にまわりよりも暑くなって大きな積乱雲（にゅうどう雲）が発達し、激しい雨を急に降らせることがある。雷が起こるときも。**（5月 12時）**

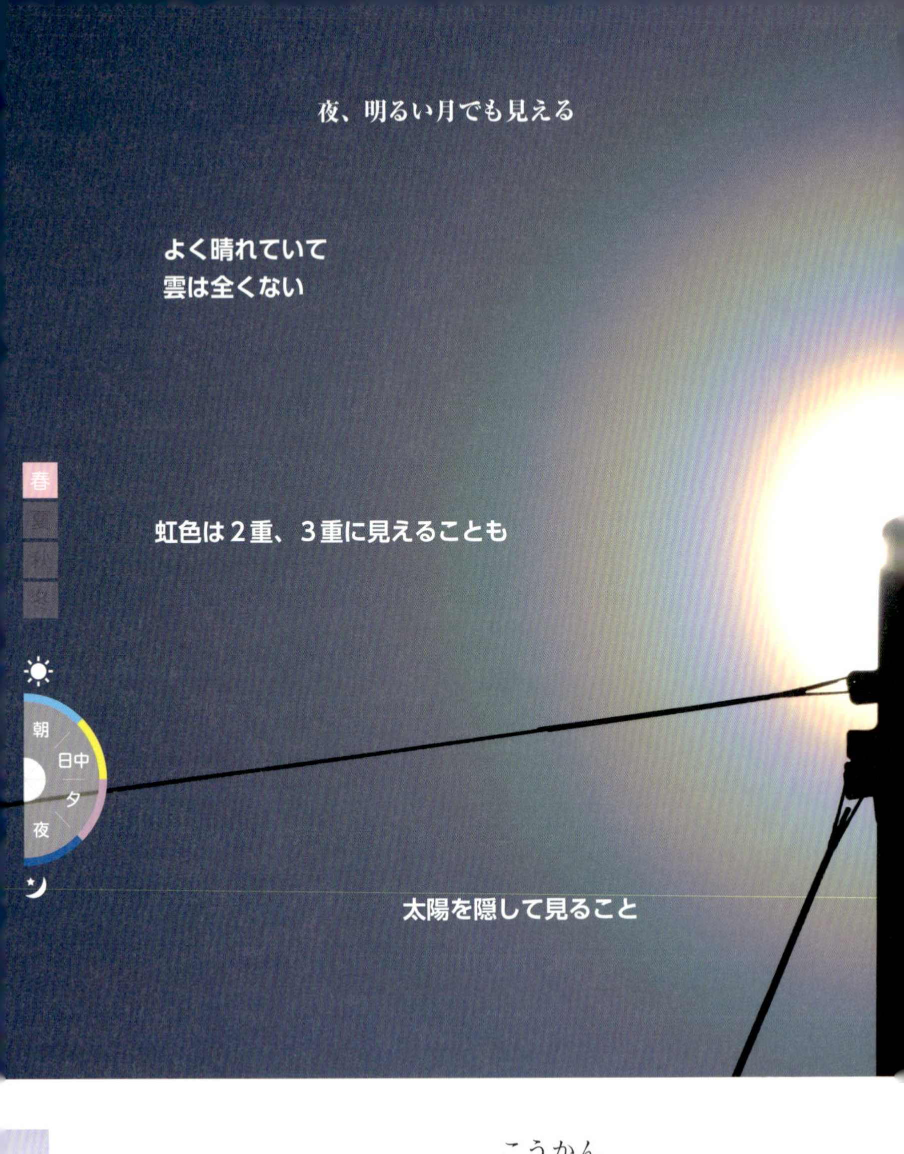
夜、明るい月でも見える
よく晴れていて
雲は全くない
春
夏
秋
冬
虹色は２重、３重に見えることも
朝
日中
夕
夜
太陽を隠して見ること

花粉：晴れた日の光環（こうかん）は花粉

雲による光環ではない

スギ花粉は小さな粒のため、それがたくさん集まると
光をそれぞれ違う角度に曲げてしまい、色づいて見える

春のよく晴れた日、太陽の光を何かで隠すと、そのまわりにきれいな虹色の輪が見える。スギ花粉で太陽の光が曲げられている。（3月 15時）

大陸から大量のPM2.5が
やってくることがある
遠くがかすんでよく見えない
雨や風で消える
春
夏
秋
冬
朝
日中
夕
夜

PM2.5：都会の空がかすむPM2.5

よく晴れて日差しが強く、
風が弱いと大気汚染が起こりやすい
色はちょっと紫の混じった灰色
黄砂の場合はやや黄色っぽい
健康によくない

晴れて風が弱くよどんだ空気の日、都市部では排気ガスがたまりやすい。また、大陸からPM2.5がたくさんやってくることもある。**（4月 17時）**

晴れた空に青い色がない
低気圧の後に晴れ間とともに
やってくることが多い
このあたりが最も黄色に
春
夏
秋
冬
朝
日中
夕
夜

黄砂：空が黄色くなる

西日本に多いが、北海道でも見られる

海に栄養を与えている

通常はゆっくりと降るが、
雨で一気に落ちてくる

晴れた空が、昼間はクリーム色で、夕方に黄色く見えたら、黄砂が来ている証拠。
この後降る雨は汚れる。夏にはなく、春に多い。**（3月 17時）**

大噴火で成層圏に入ると、世界的に
日射が減るため異常気象に
火山灰は風に流されて
風下へ広がる
春
夏
秋
冬
朝
日中
夕
夜
火山噴火は天気に関係ない
夜は火映現象に
鹿児島県桜島

火山噴火：火山灰で空が灰色に

晴れか曇りかわからなくなる

雨は汚れる

白く見えるのは水蒸気が多く、
灰色は火山灰が多い

音が聞こえることも

火山が噴火すると、大量の火山灰が空に舞い上がり、空が灰色になって雲が見えなくなることも。成層圏まで上がると異常気象になる。**(8月 18時)**

富士山と観天望気

いろいろと変化する富士山の雲は、とても興味深いです。笠雲は有名ですが、それ以外にも、すぐ近くに浮かぶつるし雲や山からなびく旗雲、山にくっついた雲など、さまざまな雲が連日観察されます。見ていて飽きることはありません。

つるし雲

低気圧がだんだん近づいて、天気が悪くなっていく

笠雲、つるし雲など

低気圧や前線が近く、この後雨が続きそう

雲は天気の変化に合わせてできるので、富士山の雲を観察すると、この先の天気を予想することができます。富士山は3,776 mと日本一高いため、地上付近とは違う、上空の風も受けます。上空の風によって低気圧や台風がやってくるので、富士山にできる雲によって、先の天気まで見通せます。富士山は日本で一番、もしかしたら世界で一番、観天望気にふさわしい山かもしれません。

旗雲

冬型の天気で晴れるが、冷たい季節風がしばらく強い

山を上ぼる雲

晴れて暖まると雲が湧き、この後にわか雨が降るかも

天気の移り変わり

ある瞬間だけでなく、空のさまざまな変化を知ると、天気のことがもっとわかるようになります。雲の形以外にも、風の様子や空の色の変化など、多くの違いを感じることができます。全く同じ変化がひとつとしてないこともわかります。

寒冷前線の通過

1
7：13

寒冷前線の雨が降っている

2
9：30

すぐに寒冷前線が去る

3
11：25

寒冷前線が遠くに見える

4
15：20

乾燥して澄んだ青空

積乱雲の成長

1
17:19
ぽつんと雄大積雲

2
17:22
上が膨らんで積乱雲に

3
17:26
さらに大きく膨らむ

4
17:32
幅が広くなっていく

5
17:36
ある高さで横に広がる

6
17:43
上と下が分かれてきた（衰弱）

台風接近

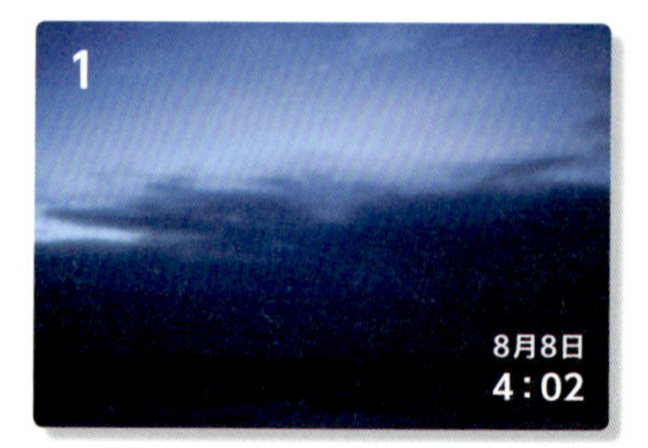
1
8月8日
4:02

夜明けには晴れていた

2
8月8日
5:19

太陽が出たが濁った空

3
8月8日
18:21

海は荒れて雲に覆われた

4
8月9日
8:27

激しい風雨が続く（窓越しに撮影）

5
8月9日
11:16

雨が上がり空が少し明るくなった

6
8月9日
18:45

不思議な色の夕焼けの空に

Column

飛行機から見た雲

飛行機から見る雲は、地上からとは全く異なります。高い雲が目の前にあって、低い雲はずっと下にあります。積乱雲のてっぺんが間近に迫り、その目線は天気を変える高い空の風と一緒です。飛行機に乗ったら、不思議な空の観察を楽しみましょう。

積乱雲

上昇している、勢いのある積乱雲

この積乱雲の下だけ、激しい雷雨だった

飛行機が避ける、熱帯地方の巨大な積乱雲

雲の近くを慎重に飛ぶが、急に揺れる場合も

飛行機から積乱雲のてっぺんが見える

その他の雲

下に小さく見える、海上のわた雲の群れ

冷たいジェット気流の雲が、すぐ近くに見える

冬の雪は、こうした低い雲からも降る

武田 康男（たけだ やすお）

1960年東京都生まれ。東北大学理学部卒業後、千葉県立高校教諭（理科）、第50次南極地域観測隊員を経て、2011年より独立。"空の探検家®"として活動している。現在は大学の非常勤講師として地学を教えながら、小中高校や市民講座などで写真や映像を用いた講演も行う。気象予報士、空の写真家でもある。そのほか、執筆・監修・写真映像提供、テレビ・ラジオ出演（世界一受けたい授業／日本テレビ、教科書にのせたい！／TBS、その他）など多方面の実績を持つ。NHK連続テレビ小説「おかえりモネ」にも空の写真や映像を提供。著書は『虹の図鑑―しくみ、種類、観察方法―』『今の空から天気を予想できる本』『楽しい雪の結晶観察図鑑』『富士山の観察図鑑―空、自然、文化―』（いずれも緑書房）、『楽しい気象観察図鑑』（草思社）、『空の探検記』（岩崎書店）、『雲と出会える図鑑』（ベレ出版）など多数。日本気象学会会員、日本雪氷学会会員、日本自然科学写真協会理事。独自の空の4K映像サイト（http://skies4k.com）を開設している。

今の空から天気を予想できる本

Midori Shobo Co.,Ltd

2019年 8 月10日　第1刷発行
2021年 7 月10日　第3刷発行

著　者　武田 康男
発行者　森田 猛
発行所　株式会社 緑書房
〒103-0004
東京都中央区東日本橋3丁目4番14号
TEL 03-6833-0560
https://www.midorishobo.co.jp

編　集　宮島 芙美佳、秋元 理
イラスト　石田 理紗
デザイン・編集協力　リリーフ・システムズ
印刷所　図書印刷

ISBN 978-4-89531-380-3 Printed in Japan